$\sqrt{700.}$
z. к.

3967

DESCRIPTIONS

DES ARTS

ET MÉTIERS.

DESCRIPTIONS
DES ARTS
ET MÉTIERS,

FAITES OU APPROUVÉES

PAR MESSIEURS

DE L'ACADÉMIE ROYALE
DES SCIENCES.

AVEC FIGURES EN TAILLE-DOUCE.

A PARIS,

Chez { SAILLANT & NYON, rue S. Jean de Beauvais;
DESAINT, rue du Foin Saint Jacques.

M. DCC. LXI.

Avec Approbation & Privilége du Roi.

L'ART

DE

L'INDIGOTIER.

Par M. de Beauvais Raseau.

M. DCC. LXX.

L'ART
DE L'INDIGOTIER.

LIVRE PREMIER.

CHAPITRE PREMIER.
Notions préliminaires. Plan de l'Ouvrage.

L'INDIGO ou l'Anil, eſt le produit d'une plante qui a macéré & fermenté dans une ſuffiſante quantité d'eau, & dont l'extrait, après avoir reçu une longue & violente agitation, dépoſe aſſez promptement une ſubſtance qui dès-lors porte le nom d'*Indigo*, lequel étant deſſéché convenablement, fournit abondamment & ſous peu de volume, une couleur bleue très-belle & très-ſolide. Ces excellentes qualités ſont cauſe que les Peintres & les Teinturiers en font un fréquent uſage, comme on peut s'en inſtruire dans l'Art du Teinturier, donné par l'Académie des Sciences, dans le Dictionnaire Encyclopédique, & dans pluſieurs autres ouvrages concernant le Commerce, les Arts & Métiers.

Cette matiere diſſoute en petite quantité, & mêlée au ſavonnage dans beaucoup d'eau, a auſſi la propriété de faciliter & de perfectionner le blanchiſſage de la ſoie, du linge & du coton; ce qui en augmente encore la conſommation tant en Europe que dans nos Colonies, où l'on voit rarement des Teinturiers en exercice; mais comme cette ſubſtance ne s'acquiert qu'après de grands travaux, & qu'elle vient de fort loin, elle eſt auſſi d'un grand prix.

Cette denrée fait depuis un temps immémorial, une des principales branches du commerce de l'Aſie, & elle eſt devenue une ſource d'accroiſſements & de richeſſes pour les Colonies que les Européens ont dans le nouveau Monde.

L'Indigo étoit autrefois regardé en Europe, comme une eſpece de pierre naturelle de l'Inde, & portoit en effet le nom de *Pierre indique*, ou ſimplement d'*Indic*; il a pris enſuite confuſément celui d'*Inde* & d'*Anil* avec le nom qu'il porte aujourd'hui. Ce n'eſt que depuis les grandes découvertes de l'Amérique & des Indes, qu'on en a bien connu la nature, ainſi que la fabrique. On ne peut cependant guere douter que dès avant ce temps, on ne fît de l'Indigo en Arabie (1), en Egypte (2), & même dans l'Isle de Malthe (3); mais comme on en cachoit avec soin l'origine & le procédé, notamment dans ce dernier lieu, tout celui qui se consommoit ci-devant en Europe, étoit réputé venir des Indes. On croit encore avec beaucoup d'apparence, que les anciens naturels du Mexique, en fabriquoient une espece qui, jusqu'à ce jour, a porté le nom d'*Inde*, qu'on lui a conservé pour les raisons que nous rapporterons dans la suite; mais soit que les Mexiquains en connussent la préparation, soit qu'elle leur ait été communiquée par les Castillans revenus des Moluques, il est toujours certain que les premieres matieres fabriquées en ce genre à l'Amérique, sont sorties de la nouvelle Espagne: il est encore fort vraisemblable que de toutes les Isles de l'Amérique, celle de Saint-Domingue est la premiere où l'on ait cultivé la plante de l'Indigo: ce qui paroît fondé sur le rapport de Lopes de Gomès, qui dit (4), que de son temps il se faisoit de très-belles couleurs d'azur dans l'Hispagnola; & sur quelques passages du Pere Labbat, dont nous allons faire le résumé. Cet Auteur raconte (5), qu'étant à Saint-Domingue en 1726, il fut au quartier du fond de l'Isle à Vache, que les François commençoient à peine à défricher, & il ajoute: Les anciennes Indigoteries qu'on rencontre dans l'intérieur du pays, prouvent que toute cette côte a été autrefois habitée par les Espagnols, qui l'ont abandonnée pour aller s'établir au Mexique, après la conquête de Fernand Cortès (6). Or, en fixant l'époque de cette entiere désertion, aux ravages qui précéderent & accompagnerent notre invasion dans l'Isle, ou seulement au temps du gouvernement de M. le Chevalier de Fontenay, c'est-à-dire, en 1652, on en doit au moins conclure que les dernieres fabriques des Espagnols dans cette partie de l'Isle de Saint-Domingue, concourent avec les plus anciens établissemens de cette espece dans nos Isles, dont la date ne remonte qu'à l'année 1644, temps auquel M. de Poinci, Commandeur de l'Ordre de Malthe, & zélé Cultivateur, commença à en encourager le travail dans toutes nos Isles, dont il eut le gouvernement. Il reste maintenant à savoir si les Espagnols ont transporté quelque plante d'Indigo de Guatimala, dans l'Isle de Saint-Domingue, s'ils observoient dans leur travail la méthode des Mexiquains, & de qui nous tirons la nôtre; mais c'est sur quoi les Auteurs ne nous offrent que des conjectures peu satisfaisantes. Le Pere Charlevoix, ou plutôt le Pere le Pers, sur les Mémoires duquel il a travaillé, dit dans son Histoire de Saint-Domingue (7): Il y a deux sortes d'herbes appellées *Indigo*. Il en croît une espece qu'on nomme *Indigo*

---

(1) Henri Midelton, cité dans Purchas, Chap. II. verset 3 , *page* 259; & Douton, dans Purchas, Chap. 12, verset 2, *page* 271.

(2) M. Marchand, dans les Mémoires de l'Académie des Sciences, Année 1718, *page* 94. Relation du Voyage de Cæsar Lambert en Egypte, *page* 7, *in-4°.*

(3) Burchard, dans la Description de l'Isle de Malthe, Chap. 6, *page* 23, Edit. de 1660.

(4) Chapitre 26.

(5) Histoire générale des Voyages, Livre 7, Tome 59, *pages* 2, 141 & 143.

(6) La ville de Mexique fut prise le 13 Août 1521, après 93 jours de siege. Jean Barrow, Abrégé Chronologique, ou Histoire des découvertes faites par les Européens. *Vol.* 2. *pag.* 423.

(7) Volume 2, *page* 489.

bâtard, & qu'on a cru long-temps n'être bonne à rien. Un habitant de l'Acul, nommé Michel Périgord, s'avifa il y a 20 ans, (*ce qui revient, fuivant l'Auteur, à l'année* 1704), d'en faire un effai qui lui réuffit ; il s'y eft enrichi, & tout le monde l'a imité. Aujourd'hui cet Indigo eft au même prix que celui des Indes. (*L'Auteur entend parler ici de l'Indigo qui fe tire à Saint-Domingue, de la plante nommée* Indigo franc, *qui paffe pour avoir été apportée des Indes proprement dites*). Il faut pourtant avouer que celui-ci, (*c'eft-à-dire, l'Indigo qu'on tire de l'efpece du franc*), a un tout autre coup d'œil ; *l'Auteur eft ici tombé dans une erreur de prévention*: mais en récompenfe, celui-là (*le bâtard*) vient dans plufieurs terrains qui refufent le premier. On a tenté d'en travailler plufieurs autres qui font venus de Guinée, mais fans fuccès. Au refte, quand je dis que l'ancien Indigo, (*l'Auteur auroit plutôt dû, en ce cas, l'appeller le nouveau*), eft venu des Indes orientales, je parle avec le plus grand nombre des Auteurs qui en ont traité ; mais ce fentiment n'eft pas fans contradiction : plufieurs prétendent qu'il eft originaire du Continent de l'Amérique, & fur-tout de la province de Guatimala.

Toutes ces opinions rapportées par le Pere Charlevoix, paroiffent cependant peu foutenables, quand on confidere qu'aucun Auteur des différentes Hiftoires Naturelles de la nouvelle Efpagne, ne fait mention de ce tranfport, & que parmi les efpeces qu'ils nous repréfentent avec leurs noms Mexiquains, comme originaires de la nouvelle Efpagne, celle de l'Indigo franc ne fe trouve point du tout. Il eft vrai que George Rumphe, auteur de l'Herbier d'Amboine (1), parlant de l'Indigo des Malayes, nommé *Tarron*, dont la defcription faite par l'Auteur, fera fous peu rapportée, dit que les Efpagnols l'ont tiré des Moluques pour l'introduire dans les Ifles de l'Amérique, où il en croît une grande quantité ; mais on verra que cette plante differe en plufieurs points, & fur-tout par la forme de fes filiques, *fig.* 2, *Pl.* 3, de celle de l'Indigo franc de nos Colonies ; ce qui affoiblit de beaucoup le poids de cette autorité. On ne cachera point non plus que George Wolff Wedelius (2), penfe que les Portugais & les Efpagnols, après avoir cultivé cette plante dans les Indes, en ont porté la graine dans leurs poffeffions de l'Amérique ; mais il ne donne ce fentiment que pour une fimple conjecture de fa part. Après ces différentes remarques, il ne nous refte autre chofe à penfer, fi ce n'eft que les François ont apporté l'efpece dont il eft queftion, des côtes de la Méditerranée ou de la Mer rouge, ou que l'ayant trouvée dans les Ifles de l'Amérique, ils font les premiers qui l'ayent cultivée ; ce qui femble en effet être indiqué par fon furnom de *franc*, & confirmé par l'adoption qu'en ont fait les Anglois (3).

Nous n'avons pas été plus heureux dans les recherches que nous avons faites

(1) 5e. Partie, Chap. 39, *page* 220.
(2) Exercices médicophilofogiques, Décade 4, *page* 47.
(3) William Burck, Hiftoire des Colonies Européennes dans l'Amérique, Tome 2, *page* 282, appelle cette efpece, *Indigo de France*, ou *d'Hifpagniola*.

pour apprendre de quelle maniere les Espagnols travailloient leur herbe à Saint-Domingue, ni d'où nous tirons la méthode qui s'est répandue dans toutes nos Colonies. Mais nous observerons que si les instructions sur la fabrique de l'Indigo, nous eussent manqué du côté des Espagnols ou des Portugais du Brésil, M. de Poinci qui pouvoit avoir connoissance de celles de Malthe & d'Egypte, ou même des Indes, par la voie des flibustiers qui revenoient souvent de ces dernieres contrées à nos Isles, n'auroit point manqué de l'enseigner à nos Colons qu'il excitoit de tous côtés à ce travail, dont l'émulation devint bientôt si considérable entre les Espagnols & nous, qu'au rapport de Joseph Acosta (1), la flotte enleva des ports de la nouvelle Espagne en 1547, 5663 arrobes (2) d'Anil ou d'Indigo; & en 1586, 25260 autres arrobes de même marchandise (3). D'un autre côté nous lisons dans l'Histoire de Saint-Domingue (4), que cette fabrique avoit fait de tels progrès dans cette Isle, que le produit de la vente de son Indigo montoit en 1724, à trois millions de livres de notre monnoie.

Voilà ce que nous avons pu recueillir de plus intéressant sur l'histoire de cette substance. Il convient maintenant de faire connoître les différentes plantes & les divers moyens qu'on emploie pour fabriquer cette matiere, & de prévenir le Lecteur sur l'ordre que nous comptons observer dans l'exposition de ces différents objets. Pour cet effet, nous observerons d'abord que la plante d'où on tire l'Indigo, est extrêmement variée dans ses especes, & qu'il en croît quelques-unes en des pays très-éloignés les uns des autres. Nous remarquerons en second lieu, que la maniere de travailler ces plantes, & quelquefois la même espece, n'est point toujours semblable chez tous les Peuples ni dans le même canton; d'où résulte nécessairement une grande diversité dans les produits. Pour exposer ces objets dans l'ordre le plus naturel, & les rapprocher autant qu'il est possible selon leur rapport local, nous nous sommes proposés de présenter séparément les Indigots de chaque Continent, & de joindre à leur description celle de leurs Manufactures, avant de passer à celle d'une autre contrée. Et comme notre dessein est de nous replier vers la fabrique de l'Indigo dans nos Isles, que nous avons principalement en vue dans cet Ouvrage; nous commencerons par rapporter successivement ce que l'Europe, l'Afrique, l'Asie & le Continent de l'Amérique nous offrent de plus important & de plus essentiel sur ces différents sujets que nous ne nous flattons point d'avoir épuisés, sur-tout en ce qui regarde la description des plantes. Au reste, nous avouerons qu'il nous conviendroit peu de traiter ici des plantes étrangeres à nos Isles, si nous n'eussions trouvé dans les plus célèbres Auteurs les secours nécessaires pour remplir cette partie, & si nous n'eussions cru que le Lecteur instruit du caractere de ces plantes, verroit avec plus de satisfaction ce que nous avons à lui dire sur leurs manipulations. D'ailleurs on

---

(1) Cité par Hans Sloane, Voyage à la Jamaïque, Vol. 2, page 34 & suiv.
(2) L'arrobe pese 25 livres poids de marc.

(3) Joseph Acosta, Liv. 4, page 255.
(4) Charlevoix, Tome 2. page 489.

nous

nous a repréſenté que la connoiſſance de ces plantes, pourroit en occaſionner quelque tranſport avantageux dans nos Colonies, & ce motif a achevé de nous faire ſurmonter la répugnance que nous ſentions pour une pareille entrepriſe.

CHAPITRE SECOND.

Des Indigos & Fabrique de l'Europe.

L'INDIGO croît naturellement dans tous les pays qui ſont ſitués entre les tropiques, & on peut le cultiver avec ſuccès dans ceux qui ne ſont éloignés que de 40 dégrés de la ligne; mais il ne réuſſit que très-rarement un peu au-delà de ces bornes.

Cette rareté à laquelle on eſt ſujet dans un climat tel que celui des environs de Paris, a fait inſérer dans les Mémoires de l'Académie une deſcription des plus complettes de l'Indigo. L'Auteur ne dit point d'où il a tiré la ſemence de la plante dont il eſt queſtion, ni le nom particulier de ſon eſpece; mais ſi nous en jugeons par ſa deſcription, il paroît qu'il avoit ſous les yeux l'Indigo franc. On obſervera cependant qu'il ſe rencontre quelques différences entre cette deſcription & celle que nous en ferons dans la ſuite, lorſque nous ſerons prêts à entrer dans le détail de ſa manipulation dans nos Iſles; mais il ſera facile de les concilier, en conſidérant dans quelles vues & dans quels pays l'une & l'autre ont été faites.

Deſcription de l'Indigo, par M. MARCHAND, de l'Académie des Sciences (1).

COMME l'Indigo eſt une plante qui rarement porte des fleurs & des graines dans ce pays-ci (la France,) & que l'année derniere nous l'avons vu croître dans ſa perfection, j'en rapporterai ici la deſcription, & les remarques que nous avons faites ſur les caracteres génériques de cette plante, *Fig.* 1, *Pl.* 1.

Son port repréſente une maniere de ſous-arbriſſeau de figure pyramidale, garni de branches depuis le haut juſques vers ſon extrémité revêtue de pluſieurs côtes feuillées, plus ou moins chargées de feuilles, ſuivant que ces côtes ſont ſituées ſur la plante. Sa racine eſt groſſe de trois à quatre lignes de diametre, longue de plus d'un pied, dure, coriace & cordée, ondoyante, garnie de pluſieurs groſſes fibres étendues çà & là & un peu chevelues, couverte d'une écorce blanchâtre, charnue, qu'on peut facilement dépouiller de deſſus la partie interne dans toute ſa longueur. Cette ſubſtance charnue étant goûtée, a une ſaveur âcre & amere; le corps ſolide a moins de ſaveur, & toute la racine a une légere odeur tirant ſur celle du perſil.

De cette racine s'éleve immédiatement une ſeule tige, haute d'environ deux

(1) Mémoires de l'Académie Royale des Sciences, Année 1718, page 92.

INDIGOTIER. B

pieds ou davantage, de la groſſeur de la racine, droite, un peu ondoyante de nœuds en nœuds, dure & preſque ligneuſe, couverte d'une écorce légérement gercée & rayée de fibres, de couleur gris-cendré vers le bas, verte dans le milieu, rougeâtre à l'extrémité, & ſans apparence de moëlle en dedans.

Cette tige eſt ſouvent branchue depuis ſa naiſſance juſqu'aux deux tiers de ſa hauteur ou plus, & les plus longues branches ſont ordinairement ſituées vers le bas de la tige. Les branches & les épis des fleurs que porte cette plante, ſortent pour l'ordinaire de l'aiſſelle d'une côte feuillée, qui à ſa naiſſance forme une petite éminence en maniere de nœud ; & chaque côte, ſelon ſa longueur, eſt garnie depuis cinq juſqu'à onze feuilles rangées par paires, à la réſerve de celle qui termine la côte, laquelle feuille eſt unique, & ſouvent la plus petite de toutes celles qui ornent la côte.

Les plus grandes de ces feuilles ſont ſituées depuis le commencement juſques vers le milieu de la côte : elles ont près d'un pouce de long ſur cinq à ſix lignes de large, & entre les petites il s'en trouve qui n'ont que le tiers de la grandeur des précédentes. Elles ſont toutes de figure ovale, liſſes, douces au toucher & charnues. Leur couleur eſt verd foncé en deſſus, plus pâle ou blanchâtre en deſſous, ſillonnées ou quelquefois pliées en goutiere en deſſus, & attachées par une queue fort courte, qui, en ſe plongeant le long de la feuille, y diſtribue pluſieurs fibres latérales peu apparentes.

Depuis environ le tiers de la hauteur de la tige juſques vers l'extrémité, il ſort de l'aiſſelle des côtes, des épis de fleurs, longs de trois pouces, chargés de douze à quinze fleurs, alternativement rangées autour de l'épi. Chaque fleur commence à paroître ſous la forme d'un petit bouton ovale, de couleur verdâtre, d'où ſort par la ſuite une fleur (A), qui étant ouverte & étendue a quatre ou cinq lignes de diametre, toujours compoſée de cinq pétales ou feuilles diſpoſées en maniere de fleur en roſe, quelquefois plus ou moins foiblement teintes de couleur de pourpre, ſur un fond verd blanchâtre. La plus grande de ces cinq pétales (B), ſituée au-deſſus des autres, eſt à peu près ronde, légérement ſillonnée dans le milieu, un peu recoquillée en dedans par les bords, terminée en pointe à ſa partie ſupérieure par une eſpece d'aiguillon, & garnie d'un onglet à ſa partie inférieure. Les deux feuilles inférieures (C), ſont de figure oblongue, échancrées, faiſant chacune deux oreillettes vers leur naiſſance, & creuſées en cuilleron à leur extrémité. Les feuilles latérales (D), au nombre des précédentes, ſont les plus étroites, les plus pointues & les plus colorées d'entre les feuilles ou pétales de cette fleur. Le milieu de la fleur eſt garni d'un piſtil verd (E), relevé par la pointe & environné d'une gaîne membraneuſe (F), de couleur verd blanchâtre, découpée à l'extrémité en huit lanieres en forme d'étamines (G), chacune terminée par un ſommet de couleur verd jaunâtre. Cette fleur ſort d'un calice en cornet verd pâle (H), découpé par le bord en cinq pointes, & ſoutenu par un pédicule fort court. La fleur n'a point d'odeur ; mais les feuilles de la plante étant froissées ou mâchées , ont une odeur & une faveur légumineuse , ainsi que la fleur. Lorsque les pétales sont tombées , le pistil s'alonge peu-à-peu , & devient une silique cartilagineuse (I) , longue de plus d'un pouce , grosse d'une ligne ou davantage , courbée en faucille , presque ronde dans sa circonférence , toutefois un peu applatie des deux côtés , ordinairement terminée en pointe , articulée dans toute sa longueur , & laquelle étant mûre , est de couleur brune , lisse & luisante , rayée d'un bout à l'autre , tant sur sa partie convexe que dans sa partie concave , d'une grosse fibre de couleur brun-rougeâtre. Cette silique est blanchâtre en dedans , & contient six à huit graines renfermées dans des cellules (L) , séparées par de petites pellicules ou cloisons membraneuses (M) , blanchâtres , transparentes & rayées de fibres. Les graines (N) , sont en forme de petits cylindres , à-peu-près longues d'une ligne , inégalement rondes dans leur circonférence , applaties par les deux bouts , & de couleur grisâtre , ou quelquefois blanc-rousseâtre , fort dures & d'un goût légumineux. Ces graines produisent d'abord deux feuilles simples (O) , de figure ovale , auxquelles succedent deux autres feuilles un peu plus grandes ; puis après paroissent les côtes feuillées.

Cette plante est annuelle ici : on dit qu'elle dure deux années & davantage dans les Indes occidentales , dans le Brésil & au Mexique , où on la cultive en abondance , ainsi qu'on fait depuis long-temps dans l'Egypte. On seme ici cette plante sur une couche au mois de Mars ; elle y fleurit en Juillet & Août , lorsque l'été est fort chaud : mais elle n'y porte de bonne graine que très-rarement , non plus qu'en plusieurs autres endroits ; aussi ne fais-je aucun Botaniste qui nous ait donné une exacte description des fleurs & des fruits de cette plante , quoiqu'elle soit fort connue depuis long-temps par le grand usage qu'on en fait , particulierement dans les teintures.

Par ce qui vient d'être dit , on voit qu'il n'est pas facile d'examiner toutes les parties qui caractérisent cette plante , qui ne vient bien que dans certains climats , ce qui apparemment est cause que les Botanistes qui en ont parlé , n'ayant pas eu occasion de considérer attentivement ses parties , ne conviennent pas du genre auquel cette plante appartient ; car les uns l'ont mise sous le genre de la *Colutea* , les autres sous celui de *Glastum* ; & d'autres enfin , sous le genre de l'*Emerus* , où en dernier lieu elle est employée dans les Institutions Botaniques : genre auquel , en apparence , elle semble avoir plus de rapport qu'aux deux précédents , mais qui cependant ne lui convient pas , ainsi que nous allons le faire voir.

Par la description que nous venons de lire , on peut donc reconnoître que les parties qui caractérisent l'Indigo , sont différentes de celles de l'*Emerus* , en ce que premiérement , l'Indigo est une plante qui ne subsiste pas long-temps , des feuilles de laquelle on tire des fécules à l'usage des teintures , ce qu'on ne fait point des especes de l'*Emerus* , qui sont des arbrisseaux fort ligneux & de très-longue durée.

Secondement, que l'Indigo porte une fleur dont les pétales s'étendent en maniere de fleur de rofe, & dont le contour garde la proportion des fleurs, qu'on appelle *fleurs régulieres*; ftructure différente de la fleur de l'*Emerus*, dont les pétales font ramaffées en fleur légumineufe, & couvrent toujours le piftil.

Troifiémement, que les filiques de l'Indigo font vraiment articulées, & qu'elles renferment chaque graine en particulier dans une cavité ou cellule exactement fermée par une pellicule membraneufe, rebordée, blanchâtre, luifante & rayée de fibres, laquelle fe détache d'elle-même quand on ouvre la filique lorfqu'elle eft mûre.

Cette pellicule ou cloifon étant examinée de près, on voit qu'elle a la figure d'un difque environné dans fa circonférence d'un anneau membraneux, dont les bords s'élevent au-deffus des deux furfaces du même difque; au lieu que la filique de l'*Emerus* n'eft point articulée, & que les graines y font contenues fans aucune cavité ni membrane ou cloifon qui les féparent entr'elles le long de la filique; ce qui doit faire conclure que l'Indigo ne peut être rangé dans les efpeces d'*Emerus*, ni fous aucun autre genre de plante connue : c'eft pourquoi nous en conftituerons un genre de plante nouveau, que nous appellerons *Anil* ou *Indigo*, nom que lui donnent prefque toutes les Nations étrangeres qui le cultivent.

Fabrique de l'Indigo dans l'Ifle de Malthe.

LA fabrique de l'Indigo dans l'Ifle de Malthe, décrite par Burchard (1) en 1660, eft la feule qui, à notre connoiffance, ait exifté en Europe, & nous ignorons fi elle y fubfifte encore, ce que nous ne croyons pas. La defcription qu'en fait cet Auteur, n'eft pas fort étendue; mais elle fuffit pour conftater ce fait, fa date, & en indiquer l'origine, qui paroît toute Afiatique, fi on en juge par les termes de l'Art, employés par l'Auteur, & ceux que nous aurons occafion de rapporter, en parlant des fabriques de l'Afie. Voici ce qu'il en dit :

Il croît auffi dans ce pays (Malthe), une efpece de *Glaftum*, qui porte chez les Efpagnols le nom d'*Anil*, & chez les Arabes & les Malthois, celui d'*Ennir*, d'où on tire une teinture dont l'ufage eft connu de toute l'Europe. (L'Auteur décrit ici la plante d'une maniere affez fuperficielle; mais au peu qu'il en dit, on ne peut méconnoître l'Indigo franc ou bâtard de Saint-Domingue, dont il fera amplement traité par la fuite; puis il ajoute) : Cette herbe eft affez tendre la premiere année; la fécule qui en provient ne donne qu'une pâte imparfaite tirant fur le rouge, & trop maffive pour fe foutenir fur l'eau. L'Indigo de cette qualité s'appelle *Nouti* ou *Mouti*; mais celui de la feconde année eft violet, & eft fi léger qu'il flotte fur l'eau. Il porte fpécialement le nom de *Cyerce* ou de

(1) Chap. 6, page 23 & fuiv, Edit. de 1660, Defcription de l'Ifle de Malthe.

Ziarie

Ziarie. La troifieme année il décheoit de fa perfection ; fa pâte eft lourde, d'une couleur terne & la moins eftimée de toutes les efpeces. On appelle celle-ci *Cateld.*

On coupe la plante, & on la met dans les cîternes ; puis on la charge de pierres, & on la couvre d'eau. On l'y laiffe quelques jours jufqu'à ce qu'elle ait tiré toute la couleur & la fubftance de l'herbe ; on fait alors paffer cette eau dans une autre cîterne, au fond de laquelle il s'en trouve une autre plus petite ; on l'agite fortement avec des bâtons ; puis on la foutire peu-à-peu, jufqu'à ce qu'enfin il ne refte plus au fond que la lie ou la fubftance la plus épaiffe, qu'on retire & qu'on étend fur des draps pour l'expofer enfuite au foleil. Dès qu'elle commence à prendre une certaine confiftance, on en forme des boulettes ou des tablettes qu'on met à deffécher fur le fable ; car toute autre matiere en abforberoit ou en gâteroit la couleur : fi la pluie vient par hafard à tomber deffus, elles perdent tout leur éclat. Quand l'Indigo eft dans cet état, ils l'appellent *Aaliad.* Celui de la meilleure qualité eft fec, léger, flottant fur l'eau, d'un violet brillant au foleil : fi on l'expofe fur des charbons ardents, il donne une fumée violette, & laiffe peu de cendres.

L'avantage de ceux qui font cet Indigo, confifte dans le fecret qu'ils gardent fur ce procédé, dont ils font part à peu de perfonnes, quoiqu'il foit peu de chofe en lui-même, craignant, s'ils le rendoient public, de perdre tout leur profit, comme il arrive fouvent dans la plupart des chofes qui ne font eftimées qu'à proportion de leur rareté.

En terminant cet article, je dois ajouter, pour la fatisfaction du Lecteur, que j'ai planté de la graine d'Indigo franc de nos Ifles, en pleine terre, dans un lieu de la Provence, fitué fous le quarante-quatrieme dégré de latitude, & qu'elle y a très-bien levé. Mais le temps & la commodité m'ont manqué pour obferver le refte de fa crue qui étoit déja affez avancée.

CHAPITRE TROISIEME.

Des Indigos & manipulations de l'Afrique.

A u c u n Auteur ne nous ayant jufqu'à préfent donné de defcription détaillée des Indigos de ce continent, nous n'aurions rien ou très-peu de chofe à en dire, fi M. Adanfon, de l'Académie des Sciences, n'avoit eu la complaifance de nous communiquer quelques-unes des obfervations qu'il a faites à ce fujet dans le Sénégal, où fon zèle pour la Botanique & l'Hiftoire Naturelle, l'a attiré & retenu pendant cinq ans.

Cet illuftre Académicien nous a dit avoir remarqué dans cette partie de l'Afrique, plufieurs plantes qui paroiffent être de la famille des Indigoferes ; il a reconnu par nombre d'expériences auffi curieufes qu'intéreffantes , dont nous devons efpérer qu'il fera part au Public , que plufieurs efpeces ne donnoient qu'une teinture rouffe plus ou moins forte , mais qu'il s'en trouvoit quelques autres , & fur-tout une qui , travaillée fuivant la méthode de nos Colonies , produit l'Indigo le plus magnifique , approchant de l'azur & toujours flottant , quelques efforts qu'il ait faits pour réuffir à en tirer de l'Indigo cuivré. Cette ef- pece vient fort bien dans les terreins ingrats & fablonneux de ce pays. L'Indigo bâtard dont il avoit fait venir la graine de nos Colonies , femé à fon côté , n'at- teignoit qu'à la moitié de fa hauteur , qui eft celle d'un homme. Cette plante eft d'ailleurs fort touffue ; la feuille de couleur d'un verd bleu foncé qui en annonce toute la propriété , eft d'environ un quart plus large que celle de l'Indigo franc de Saint-Domingue , fur-tout vers le bout extérieur qui va en s'élargiffant , & dont les bords rentrent un peu fur eux-mêmes en fe joignant au milieu de cette extrémité , directement à la pointe de la côte qui regne fur toute la longueur de la feuille : l'arrangement des feuilles eft d'ailleurs égal à celui des autres In- digos. La gouffe une fois plus longue & beaucoup moins courbée que celle de l'Indigo franc , eft jaunâtre & parchemineufe comme celle des pois , c'eft- à-dire , qu'elle eft un peu fouple & ne fe caffe point nettement comme celle de la précédente efpece. Les graines à peu-près de la longueur de deux lignes & moitié moins groffes , font rondes au milieu , ovales ou terminées en pointe d'œuf par les deux bouts , & jaunes. L'intérieur de cette plante eft blanc ; fa tige eft fouple & ne fe rompt point auffi facilement que celle de l'Indigo de nos Co- lonies. On peut voir la forme à peu-près de fa feuille & de fa gouffe fur la *Pl. I* , *fig.* 2 & 3 , M. Adanfon fe réfervant la fatisfaction légitime de donner au Public une ample defcription de toutes ces plantes. Les Negres du Sénégal appellent cette plante *Guangue* ; leur maniere de la travailler eft fort fimple : ils arrachent avec la main la fommité des branches de l'Indigo ; ils pilent ce feuillage jufqu'à ce qu'il foit réduit en une pâte fine , dont ils compofent de petits pains qu'ils font fécher à l'ombre. Voilà en quoi confifte tout fon apprêt , qui eft à peu-près égal chez tous les Negres de l'Afrique.

François Cauche (1) , rapporte que le bleu eft la couleur qui plaît le plus aux Infulaires de Madagafcar : elle vient de l'arbriffeau *Indigo* , ainfi le nom- ment les Portugais , qui l'appellent auffi *Hevra d'Anir*. Il croît comme le Ge- nêt , ayant femblables racines longuettes & étroites , la feuille approchant du Séné , mais plus large. Cette feuille a une côte au milieu , d'où il fort de petites membranes qui s'étendent par ondes égales jufqu'aux bords.

Sa tige , de la groffeur du pouce , n'a pas plus d'une aune de long. Lorfque l'arbriffeau a trois ans , fa fleur tire à la Jacée , & fa graine au Fenouil : elle fe recueille en Novembre , & fe feme en Juin. Cette plante meurt au bout de trois ans , ou bien on la coupe après ce temps comme inutile.

(1) Relation de fon Voyage à Madagafcar , en *1636* , page *149* , in-4°.

Ce que l'Auteur dit ici de cette plante, doit s'entendre de quelqu'Indigo de l'Inde, ou des côtes de la Mer rouge, où il avoit été.

La description qu'il fait de sa fabrique, & les termes dont il se sert, se trouvant tous semblables à ceux que nous avons rapportés au sujet de l'Isle de Malthe, nous nous dispenserons d'en faire le récit. Il ajoute ensuite : Le *Pastel* ou *Anir* de Madagascar, a beaucoup de rapport à celui que nous venons de décrire. Le tronc & les branches de couleur verte, tirent sur le bleu de même que les feuilles qui sont semblables à celles des Pois chiches ; les fleurs d'un blanc jaunâtre, produisent des gousses pendantes par floccons, lesquelles sont pleines d'une semence noire semblable à nos lentilles. Les Madagascarois n'apportent pas tant de façons à tirer le Pastel que les Orientaux ; ils pilent les feuilles avec leurs branches encore tendres, & en font des pains, chacun de la pesanteur de trois livres, qu'ils font sécher au soleil. Lorsqu'ils veulent faire quelque teinture, ils en broyent une, deux ou trois livres, selon le besoin, & en mettent la poudre avec de l'eau dans des pots de terre, qu'ils font bouillir un certain temps ; ils laissent ensuite refroidir la teinture, & ils y trempent leur coton ou leur soie, qui en étant retirés, deviennent d'un beau bleu foncé.

Il y a encore à Madagascar, suivant cet Auteur, une espece d'Indigo ou d'Anir, qui ne s'élève pas comme l'autre, mais qui rampe à terre, & s'y attache par de petits filaments qui font autant de racines (1). Les feuilles sont opposées deux à deux ; les branches s'élevent jusqu'à trois pieds, portant des rameaux longs d'un doigt, couverts de petites fleurs d'un pourpre mêlé de blanc, de la figure d'un casque ouvert, & de bonne odeur. La plante de l'Indigo s'appelle en cette Isle *Banghers*, & sa pâte *Banghets* (2).

M. de Reine, ancien habitant de l'Isle de France, connu par les services qu'il a rendus à cette Colonie, pour y avoir procuré le Cresson de fontaine, & pour y avoir introduit la culture du Manioc & de l'Indigo, m'a assuré que les Isles de France & de Bourbon en produisent une autre espece dont la feuille est plus large que celle de la Luzerne, & dont les cosses plates, approchantes du Séné, ont à peu-près un pouce de longueur & 4 à 5 lignes de grosseur ; on n'en fait aucun usage en ces pays.

Nous aurions bien souhaité terminer cet article par la description de l'Indigo qu'on cultive en Egypte, & par sa fabrique en ce pays ; mais nous n'avons rien de précis à rapporter à ce sujet.

Cæsar Lambert (3), dans la Relation de son voyage en Egypte, imprimée en 1627, nous dit que 15 ans auparavant, on alloit prendre beaucoup d'Indigo au Caire, d'où on le transportoit en Europe, & qu'actuellement on y en porte. Le Docteur Pocoque, Evêque Anglois d'Ossory, rapporte (4) qu'il vit sur sa

(1) Voyez *fig.* 4, *Pl.* 1.
(2) Histoire générale des Voyages, Tome 32, *pages* 396, & Mandeslo, *page* 206.
(3) La Relation de ce Voyage se trouve à la

suite de celle de François Lauche. *in-4°.* seconde Partie, *page* 7.
(4) Abrégé des Voyageurs modernes, traduit de l'Abrégé Anglois, Tome 1, *page* 10.

route par eau de Rofette au Caire , la maniere de faire le bleu d'Indigo , avec une herbe appellée *Nil.* Le procédé eft peut-être décrit dans l'original , mais nous n'avons pu le voir. M. Marchand , de l'Académie des Sciences , nous donne pour certain (1) , qu'on cultive depuis long-temps en Egypte , la plante nom-mée *Indigo.*

Nous ajouterons à ceci , d'après Henri Midelton (2) , qu'on fait de l'Indigo à Tayes & à Mouffa , villes de la Mer rouge , entre Moha & Zennan ; enfin Douton (3) nous apprend qu'on en fait à Aden.

CHAPITRE QUATRIEME.

Des Indigos de l'Afie , & de leur fabrique.

ENTRE les Auteurs qui ont traité des Indigos de l'Afie , il n'y en a aucun qu'on puiffe comparer à ceux du Jardin Malabare & de l'Herbier d'Amboine ; & nous nous ferions bornés à ces deux Ouvrages , fi Baldæus (4) , Man-delflo (5) , Schouten (6) , & l'Auteur de l'Hiftoire générale des Voyages (7) , ne nous paroiffoient avoir décrit une efpece d'Indigo diffé-rente de celles qu'on trouve dans les deux premiers. Il faut cependant conve-nir que les quatre derniers s'expriment d'une maniere fi fuperficielle & fi abré-gée , qu'on ne peut décider fi leurs defcriptions ont pour objet la même plante ou non ; c'eft pourquoi nous rapporterons en deux mots ce que chacun en a écrit.

Baldæus , faifant la defcription des côtes de Malabar , dit : Il y a diverfes ef-peces d'Indigo fuivant les différents endroits. C'eft un arbriffeau de la hauteur d'un homme , avec une petite tige femblable au Mûrier des haies , ou à la Ronce d'Europe. La fleur eft pareille à celle de l'Eglantier ou Rofier fauvage , & la graine reffemble à celle du Fenu-grec. L'efpece la plus large croît près du village Chircées , dont on lui donne le nom , & à deux lieues d'Amadabat , capitale du Guzaratte.

Voici comme Mandelflo s'exprime :

Le meilleur Indigo du monde vient auprès d'Amadabat , dans un village nommé *Girchées,* qui lui donne fon nom. L'herbe dont on le fait reffemble à celle

---

(1) Mémoires de l'Académie ; année 1718 ; *page 94.*
(2) Cité dans Purchas , Chap. 11 ; verfet 3 , *page 259.*
(3) Dans le même Auteur (Purchas) , Chap. 12 , verfet 2 , *page 281.*
(4) Defcription des côtes de Malabar , com-prife dans le fixieme Tome des Découvertes des Européens , *page 322.*

(5) Voyage aux Indes Orientales , à la fuite du voyage d'Oléarius , Tome 2 , *page 228* , in-4°. feconde Edit.
(6) Voyages des Indes Orientales , qui ont fervi à l'établiffement de la Compagnie des Pays-Bas , Tome 7 , *page 246.*
(7) Au Chap. de l'Hiftoire Naturelle des Indes ; Tome 44 , *page 328.*

des

des Panais jaunes ; mais elle eft plus courte & amere , pouffant des branches comme la Ronce , & croiffant dans les bonnes années jufqu'à la hauteur de fix & fept pieds. Sa fleur reffemble à celle du Chardon , & fa graine au Fenu-grec.

Gaultier Schouten , dit que fa feuille reffemble à celle des Panais blancs , fa fleur au Chardon , & fa graine au Fenu-grec.

L'Auteur de l'Hiftoire générale des Voyages , dit au Chapitre de l'Hiftoire Naturelle des Indes : Il croît de l'Indigo dans plufieurs endroits de ces contrées. Celui du territoire de Bayana , d'Indoua & de Corfa dans l'Indouftan , paffe pour le meilleur. Il en vient auffi beaucoup dans le pays de Surate , fur-tout vers Sarqueffe , à deux lieues d'Amadabat. On feme l'Indigo aux Indes après la faifon des pluies. Sa feuille approche des Panais jaunes ; mais elle eft plus fine. Il a de petites branches qui font de vrai bois. Il croît jufqu'à la hauteur d'un homme. Les feuilles font vertes pendant qu'elles font petites ; mais elles prennent enfuite une belle couleur violette tirant fur le bleu ; la fleur reffemble à celle du Chardon , & la graine à celle du Fenu-grec.

Cette plante , ainfi caractérifée , forme , comme on va le voir , une efpece différente de celles qu'on trouve décrites dans le Jardin Malabare & dans l'Herbier d'Amboine. Nous ne pouvons cependant nous empêcher de témoigner ici notre furprife de cette omiffion , qui nous paroît fort étrange de la part d'Auteurs fi exacts dans leurs recherches , dont voici le détail.

Defcription de l'Ameri ou Neli (1). Par M. R H E D E.

L'A M E R I (2) , qui en langue Brame , s'appelle *Neli* , eft un arbufcule des la hauteur de l'homme , dont les branches font fort écartées , & qui croît dans les endroits pierreux & fabloneux. Sa racine eft blanchâtre & couverte de fibres épaiffes.

Sa fouche eft groffe comme le bras & d'un bois dur. Ses feuilles attachées fur de petites côtes qui fortent parallélement des branches , font renflées par-deffus & cannelées par-deffous : elles viennent fur deux rangs , les unes vis-à-vis des autres. Elles s'appuient fur des pédicules au nombre de cinq à fept paires de fuite, avec une feule au bout; elles font petites & de forme ronde oblongue, avec les bords des deux extrémités arrondis. Leur tiffu eft fin & ferré , & leur furface unie & très-douce. Elles ont au milieu du revers une petite côte , d'où il en fort quelques autres affez remarquables. Leur couleur eft d'un verd bleuâtre foncé par-deffus , clair par deffous & fombre des deux côtés : elles ont un goût amer & piquant quand on les a mâchées quelque temps. Du pied des côtes qui portent les feuilles , fortent d'autres petites côtes qui pouffent un paquet ou un

(1) Jardin Indien Malabare , Tome **1** , *page* 101 , *fig.* 54.
(2) Voyez *fig.* 1 , Pl. 2.

Indigotier. D

épi de plufieurs petites fleurs femblables à celles des féves, compofées de quatre feuilles, dont l'une de couleur verte, & de la figure d'un onglet crochu, eft ter-minée par une pointe en forme de griffe. Les deux feuilles qui embraffent l'on-glet font étroites, minces & droites vers leurs bords intérieurs, qui font d'une couleur de rofe fencée. La quatrieme qui eft située en face de la courbure de l'on-glet, eft oblongue affez large, mince, lavée de verd & retournée en dehors, du côté du pédicule commun à toutes les fleurs, qui n'ont aucune odeur. Il s'é-leve de leur milieu un piftil verd, creufé en forme d'étui, dans lequel eft ren-fermé un petit filament qui fort du germe de la filique. Ce piftil attaché vers la partie creufe par un filet, fe divife vers le haut en petites & fines étamines gar-nies de petites pointes blanches.

Le calice qui renferme les feuilles des fleurs, eft compofé de cinq feuilles vertes & pointues. Le bouton des fleurs eft de figure ronde oblongue, & un peu applatie du côté le plus large, par lequel il commence à s'ouvrir.

A la chûte de ces fleurs, fuccedent de petites filiques longues à peu-près d'un pouce, droites, affez rondes & ferrées de près fur la côte où elles font at-tachées par de petits pédicules. Ces filiques font d'abord vertes, & enfin d'un rouge foncé en brun; chacune d'elles eft renfermée du côté de fon pédicule, dans le calice à cinq feuilles.

Le femences d'un rond oblong, font couchées dans leur longueur, confor-mément à celle de la filique: elles font dans le temps de leur maturité d'un brun brillant.

Cet arbufcule fleurit deux fois par an, favoir: une fois dans la faifon des pluies, & une autre dans celle de l'été.

Il eft inutile de rapporter ici que l'Anil fert à faire l'Indigo, parce que perfonne n'en doute; mais les Auteurs font peu d'accord fur la claffe de cette plante. C. Bauhinus la range avec l'*Ifatis pinacée*, ou avec le *Glaftum*, à la famille duquel il dit qu'elle appartient. Dans un autre endroit, Liv. 9, Sect. 3, Chap. des *Haricots* de l'Inde, il décrit ainfi fa filique: La filique & la fe-mence qui eft enveloppée dans ce parchemin, fort de l'herbe Anil, qui n'eft point une efpece de Glaftum, mais un légume.

M. Hermans nous a envoyé de Ceilan, une plante dont les fleurs font petites, d'un pourpre mêlé de blanc & d'une odeur agréable, laquelle eft vraifemblable-ment celle que Pifon appelle *Banghets*, dans fon Hiftoire de Madagafcar, avec les feuilles de laquelle on fait l'Anil ou l'Indigo; mais l'Indigo de Ceilan eft moins bon & moins eftimé que celui qu'on apporte de Malabare & du Coro-mandel à Négapatan. Les Cingalais l'appellent *Awari*.

Description du Colinil (1). *Par* M. R H E D E.

L E Colinil (2), qui en langue Brame, s'appelle *Schéra-Puncà*, est un petit arbuscule haut de deux ou trois pieds.

Sa racine, couverte d'une écorce fibreuse, d'un blanc rousseâtre, est d'un goût amer & tant soit peu âcre. L'intérieur en est ligneux, blanchâtre & sans odeur ; elle pousse une souche de la grosseur de quatre doigts, & des branches fort écartées. Cette souche est d'un bois dur ; & son écorce de couleur cendrée entremêlée de verd, a un goût amer & piquant. Ses petites feuilles de figure ronde oblongue, viennent sur de menues côtes angulaires & vertes, où elles sont attachées par de petits pédicules. Les bords des feuilles sont ronds par le bout ; puis ils s'élargissent considérablement en cette partie, & ils se rapprochent en ligne droite de leur petit pédicule. Le dessus de ces feuilles est d'un verd foncé ordinaire, & le dessous d'un verd bleuâtre, l'un & l'autre sans éclat. Elles ont un goût un peu âcre, amer & piquant quand on les a mâchées trop longtemps. Elles ont une petite côte qui regne particuliérement dessous toute leur longueur, du travers de laquelle il sort de petites veines droites & obliques, qui, par une ligne parallele, vont se réunir aux bords, & dont le prolongement se voit en dessus comme en dessous, leur division se faisant, quand on le rompt, suivant le trait angulaire des veines qui se réunissent à la côte du milieu. Le goût de ces côtes est, comme celui des feuilles, amer & piquant.

Ses petites fleurs, semblables à celles des féves, consistent en quatre feuilles, dont l'une ayant la figure d'un petit onglet fermé & très-courbé, est terminée par une pointe qui fait le crochet. Cette feuille est d'un verd blanchâtre ; les deux autres qui ont leur bord intérieur droit, sont, du côté qu'elles embrassent l'onglet, d'une couleur de rose foncée. La quatrieme de ces feuilles s'élargit en faisant face à l'onglet du côté qu'il est courbé & ouvert : elle embrasse d'abord les feuilles des deux côtés avec l'onglet ; mais lorsque la fleur est ouverte, elle se renverse en dehors, & se courbe vers la tête du pédicule qui soutient la fleur.

Le pistil est verd & creusé en forme d'étui ; il embrasse un filament verd qui sort du germe de sa silique. Ce pistil est divisé en haut, en petites & fines étamines qui sont garnies de petites pointes jaunes, & il est bouché au fond de la partie concave, par un petit filet dégagé, terminé par une petite pointe jaune. A la chûte des fleurs, succedent des siliques oblongues, étroites, fines, plates, polies, un peu relevées par le bout, & longues de deux à trois pouces. Ces siliques sont d'abord vertes ; mais elles deviennent rouges à leur maturité.

Les semences ou féves qu'elles renferment, sont séparées les unes des autres

(1) Jardin Indien Malabare, Tome 1, *page* 103 , *fig.* 55.
(2) Voyez *fig.* 2 , Pl. 2.

par la fubftance propre de la filique. Elles font d'un rond oblong, plates & étendues dans leur longueur felon celle de la goufle. Elles ont un umbilic par lequel elles font attachées au ventre de la filique : elles font vertes au commenment, & enfuite noirâtres.

Excepté le temps où les filiques font vertes, on obferve que les graines du Nouthi (1) font velues, affez dures, percées d'un trou par en haut, creufes en dedans, & qu'elles font fouvent appuyées fur un pédicule.

Cette plante porte fleurs & fruits deux fois par an, favoir : dans la faifon pluvieufe & dans celle de l'été.

Elle paroît avoir un grand rapport avec la précédente par plufieurs de fes parties ; c'eft pourquoi nous penfons qu'on peut, fans inconvénient, lui donner le nom de *Polygala moyenne des Indes, à filiques recourbées.* Mais je n'ofe, malgré la vraifemblance, affurer qu'on en faffe de l'Indigo, & encore moins que ce foit le Banghets de Madagafcar, auquel on attribue une odeur très-agréable, tandis que l'autre n'en a aucune. Hernandes & Recchius, dans leur Hiftoire du Mexique, Liv. 4, font auffi la defcription de deux plantes qui fervent à teindre en bleu, à l'une & l'autre defquelles ils donnent le nom de *Xihuiquilitl pitzahac,* ou d'*Anir à petites feuilles,* & ils appellent la pâte bleue ou l'Indigo qu'on en retire, *Mohuitli,* & *Tlevohuitli.* Aucune de ces deux plantes ne cadre avec la derniere dont on a donné ici la defcription ; mais celle dont on a parlé auparavant, paroît fe rapporter au *Caachira fecond* de Pifon.

Defcription du Tarron (2).

PERSONNE, autant que je le puis favoir, n'a encore décrit exactement l'Indigo *Tarron* (3). Ceux qui ont été à Guzaratte, & qui ont vu croître cette plante dans les champs, l'ont comparée tantôt au Romarin, tantôt à d'autres plantes. Je ne doute point que ce ne foit la même plante que les Malayes appellent *Tarron,* qu'elle n'ait la forme de celle qu'on voit à Amboine, dont la femence étrangere a été apportée ici, & fur laquelle je me fuis réglé pour en faire la defcription.

On en rencontre ici (à Amboine) deux efpeces : La premiere, ou la plus commune eft domeftique ; l'autre que je n'ai point encore vue, eft fauvage. La premiere eft une plante très-belle, très-élégante, & dont la forme a la même grace que celle du Romarin. Elle croît jufqu'à la hauteur de trois pieds & plus dans un bon terrein. Elle ne pouffe qu'une feule fouche groffe comme le doigt, droite, ferme & ligneufe. Son écorce eft d'une couleur rouffe entremêlée de verd. Elle s'étend fort vîte en jettant de tous côtés des branches de la

(1) Nom du Pays qui paroît commun à toutes les plantes de cette efpece, & à la pâte qu'on en retire.

(2) Extrait de l'Herbier d'Amboine, par Georges Evrhard Rumphe, cinquieme Partie, Chap. 39, *page* 220.

(3) Voyez *fig.* 1, *Pl.* 3.

groffeur

grosseur d'un tuyau de froment, qui sont fermes & solides ; ces branches pous-
sent sur leurs côtés de petits rameaux ou côtes un peu plus longues que le
doigt, auxquelles sont attachées six, sept, huit, & rarement neuf ou dix paires
de feuilles directement opposées les unes aux autres avec une impaire à l'extrémité. Ces feuilles ressemblent parfaitement à celles de la Caméchrista, ou du
Tamarin ; mais elles sont plus petites & arrondies, à-peu-près comme celles de la
Faucille. Elles sont tendres & unies, mais sans éclat ; d'une couleur de bleu de
mer, approchant du fer bronzé, & agréable à la vue. Ces feuilles ont chacune un
court pédicule avec lequel elles s'appuient sur la côte ou rameau. Si l'on vient à le
rompre, elles se resserrent & se ferment assez facilement ; mais elles s'ouvrent
& se déplient aussi-tôt qu'on les met dans l'eau.

A chaque aisselle de ces côtes feuillées attachées aux branches, il sort une
grappe en forme d'épi, composée de plusieurs petites têtes pointues, qui en
s'ouvrant présentent des fleurs semblables à celles de la Vesse, mais plus petites,
composées de quatre petits pétales, dont le plus élevé & aussi le plus large, est
courbé en arriere : ces pétales sont d'un jaune pâle ou verdâtre ; ceux des deux
côtés tirent un peu sur le rose, & recouvrent l'inférieur ou le quatrieme par
leur pointe en forme de crochet. Peu de ces fleurs s'éclosent à la fois, & elles
tombent bien-tôt sans donner aucune odeur.

A ces fleurs, succedent de petites siliques rondes & noueuses, à peu-près
de la longueur d'un tiers de doigt, de la grosseur tout au plus d'un tuyau de froment, dures & tournées en haut. Elles viennent plusieurs ensemble, & forment
comme une grappe qui seroit remplie de queues de scorpion. D'abord elles
sont vertes, elles brunissent ensuite, & deviennent enfin noirâtres. Ces siliques
renferment des graines semblables à celles de la Moutarde ; mais au lieu d'être
exactement rondes, elles ont la forme d'un tambour, comme le Fenu-grec,
& sont d'un verd noirâtre.

Quoique les feuilles dont nous avons donné la description, soient douces au
toucher, elles ne s'humectent point dans l'eau. Celles qui sont détachées &
pliées, s'ouvrent de rechef après avoir trempé un demi-jour dans l'eau, &
conservent toute leur fraîcheur jusqu'au troisieme jour.

Sa racine s'étend beaucoup & est très-ferme en terre, parce qu'elle pousse
beaucoup de petites fibres garnies de tubercules blanchâtres. Toute la plante
étant sur pied dans les champs, répand sur le soir, une forte odeur. Les feuilles
ont un goût fade & dégoûtant ; mais il n'est point amer comme quelques-uns
l'ont dit ; & quand elles ont macéré dans l'eau pendant trois ou quatre jours,
elles répandent une odeur désagréable & de pourriture : cette odeur augmente
par la chaux qui entre dans la préparation de sa pâte, dont le travail est aussi difficile que désagréable.

Son nom latin est *Isatis Indica* ; mais cette plante desséchée & la pâte qu'on
en tire pour en former des gâteaux, s'appellent vulgairement *Indigo.* Les Portu-

gais lui donnent auffi ce nom. Les Arabes appellent cette plante *Nil* & *Anil*; fes feuilles *Chitz* & *Wasmat*; la pâte & les gâteaux *Nilag*. Chez les Perfes elle porte le nom de *Nila*; chez les Malayes, *Tarron*; à Banda, *Tenaron*; à Java, *Tom*; à Baleya, *Tahum*; à Ternate, *Tom*; à Mandao & à Siauwa, *Entu*; à la Chine, *Tschen*, qui fignifie puits; dans le Guzaratte, *Gali*. L'Auteur du Jardin Malabare, Tome I, *fig.* 54, dit que les Malabares l'appellent *Améri*; & les Brames, *Neli*.

Cette plante tire fon origine de Cambaye ou du Guzaratte, particuliérement d'un village nommé *Chirches*, qui eft éloigné de deux milles d'Amadabat : fon vrai nom eft *Tsjirtsjes*, & l'Indigo de la plus belle efpece porte ce furnom. On cultive auffi cette plante en d'autres Provinces de l'Indoftan, de même qu'à la Chine, à Java, à Baleya, & dans prefque toutes les Ifles des baffes Indes habitées par les Chinois, qui ont tranfporté la graine de cette plante aux Moluques & à Amboine, d'où les Efpagnols l'ont tirée pour l'introduire dans les Ifles de l'Amérique, où il en croît une grande quantité.

On rencontre dans le Guzaratte, une efpece d'Indigo fauvage, nommé *Guinguai*, dont il paroît qu'on mêle les feuilles avec celles du précédent; le refte de ce travail m'eft inconnu.

Georges Rumphe ajoute : Les deux efpeces d'Indigo décrites par Guillaume Pifon, dans fon Hiftoire Naturelle du Bréfil, Liv. 4, Chap. 39, fous le nom de *Caachira*, ont peu de rapport à celui des Indes Orientales, fi ce n'eft celui de la feconde efpece, ou l'Indigo rampant, qui vient auffi en quelques endroits des Indes Orientales, fur-tout à Mandano; mais je ne l'ai point encore vu. Cette plante qui croît fur les côtes du Bréfil, eft fans doute celle que les Portugais appellent *Anir* ou *Anil*. L'Auteur de l'Herbier d'Amboine en fait ici une courte defcription; mais nous ne la rapporterons point, parce que nous en traiterons amplement à l'article des Indigos du Continent de l'Amérique. Nous obferverons feulement que François Cauche en fait auffi mention dans fa Defcription des Plantes de Madagafcar.

Guillaume Pifon rapporte, que felon Jules Scaliger, *Nil* ou plutôt *Nir*, fignifie en langue Arabe le bleu auquel les Efpagnols ont donné le nom d'*Anir* & d'*Anil*. Scaliger ajoute que les Arabes appellent auffi la plante de l'Ifatis, *Nil*.

Garcias *ab Horto*, Liv. 2, Chap. 26, dit que la plante à laquelle les Arabes, les Turcs & plufieurs autres Nations ont donné le nom d'*Anil*, & quelquefois celui de *Nil*, s'appelle *Gali*, dans les Fabriques du Guzaratte.

Herbelot, dans fa Bibliothéque Orientale, au mot *Nil*, page 672, 6, dit que les Perfiens & les Turcs appellent *Nil*, la plante que les Grecs & les Latins nomment *Ifatis* & *Glaflum*, dont le fuc fait la couleur bleue ou violette, que nous appellons vulgairement *Indic* ou *Indigo*, & par corruption *Annil* au lieu de *Al-Nil*, qui eft le mot Turc avec l'article Arabe *Al*.

LA maniere de travailler cette herbe, n'est point uniforme dans l'Asie ; & il n'est pas rare de voir les Fabriques d'un même canton, différer considérablement entr'elles : ce que les Auteurs en disent ne nous laisse aucun doute à ce sujet. Parmi ces diverses pratiques, à la multiplicité desquelles la fantaisie a peut-être eu autant de part que la nature de la plante, on en remarque deux principales, dont les produits se distinguent par les noms d'*Inde* & d'*Indigo*. La manipulation de l'Inde differe essentiellement de celle de l'Indigo, en ce qu'on ne met que les feuilles de la plante à infuser dans l'eau pour obtenir l'Inde ; au lieu qu'on met toute l'herbe, excepté sa racine, à macérer à peu-près de la même maniere pour avoir l'Indigo. Outre ces deux procédés, fort variés dans leurs circonstances, il y en a encore un autre usité dans les Indes, qui consiste dans la seule trituration & humectation des feuilles de cette plante, dont on forme une pâte ou espece de pastel, qui porte aussi le nom d'*Inde*. Quantité d'Auteurs nous ont donné des descriptions de la Fabrique de l'Indigo & de l'Inde dans l'Asie. Dans ce nombre, il s'en rencontre quelques-unes de très-exactes ; mais il y en a d'autres où l'on trouve des omissions si essentielles, surtout à l'égard de la manipulation de l'Inde, que l'exécution en paroîtroit comme impraticable, si l'on ignoroit ce que les premieres renferment d'important à ce sujet. Ainsi il n'est point surprenant que quelques Auteurs, traitant de la Fabrique de l'Indigo de nos Colonies, nous ayent donné à penser que l'Inde & l'Indigo se fabriquoient tous deux de la même maniere, & que leurs différents noms ne devoient s'admettre que pour distinguer les qualités de cette denrée ou le lieu de sa Fabrique. Mais comme indépendamment de ces négligences, auxquelles il est aisé de suppléer, on trouve presque toujours dans ces descriptions quelque détail étranger aux autres, & souvent très-instructif ; nous nous servirons indifféremment de toutes celles qui nous paroîtront propres à nous instruire sur ces différents travaux.

La description que M. Tavernier a faite de la Fabrique de l'Inde, ayant donné sujet aux soupçons dont on a parlé ci-dessus, nous avons jugé devoir commencer par rapporter ce que cet Auteur en a écrit. Voici comme il s'exprime :

Les habitants de *Sarquesse*, village à 80 lieues de Surate, & proche d'Amadabat, après avoir coupé cette herbe, dans le temps que les feuilles s'en détachent aisément, la dépouillent de tout son feuillage, & le mettent à infuser dans une certaine quantité d'eau qu'on verse dans un vaisseau nommé la *Trempoire* (*A*), *fig.* 4, *Pl.* 4, où ils le laissent pendant 30 ou 35 heures ; au bout de ce temps, ils font passer cette eau, qui est chargée d'une teinture verte tirant sur le bleu, dans un autre vaisseau nommé la *Batterie* (*B*), *fig.* 4, *Pl.* 4, où ils font battre cet extrait pendant une heure & demie, par quatre forts Indiens, agitant des cuilleres de bois, dont les manches de 18 à 20 pieds de long, sont posées sur des chandeliers à fourche.

Pour éviter d'employer à ce travail plusieurs hommes, ils se servent, en quelques endroits, d'un gros rouleau (*R*) *fig. 6* , *Pl. 5* , de bois, taillé à fix faces des deux bouts duquel fortent des aiffieux de fer qui tournent fur des collets de même matiere, enchaffés dans les deux côtés de la batterie (*B*) , *fig. 6* , *Pl. 5.*

Aux deux faces inférieures, près les deffous de ce rouleau, font attachés fix fceaux (*G*) , *fig. 6* , *Pl. 5* , en forme de pyramide renverfée & ouverte par en bas. Un Indien (*I*) , *fig. 6* , *Pl. 5* , remue continuellement ce rouleau à l'aide d'une manivelle fixée à un de fes aiffieux ; enforte que trois fceaux s'élevent d'un côté, tandis que trois s'abaiffent de l'autre : continuant toujours de la même façon jufqu'à ce que cette eau foit chargée de beaucoup de mouffe. Ils jettent alors avec une plume fur cette écume tant foit peu d'huile d'olive. Ils emploient pour ces afperfions environ une livre d'huile fur une cuve qui peut rendre 70 livres d'Inde.

Auffi-tôt que cette huile eft jettée fur l'écume, elle fe fépare en deux parties, à travers lefquelles on apperçoit quantité de petits grumeaux, comme ceux qui fe voient dans le lait tourné. On ceffe pour lors le battage de l'extrait ; & quand il a affez repofé, on débouche le tuyau (*T*) de la batterie (*B*) , *fig. 6* , *Pl. 5* , afin d'en écouler l'eau qui eft claire, & en retirer la fécule qui refte au fond de ce vaiffeau en forme de boue ou de lie de vin : l'ayant retirée, ils la mettent dans des chauffes de drap (*Z*) , *fig. 1 & 2* , *Pl. 5* , pour en faire fortir le peu d'eau qui pourroit s'y trouver ; après quoi ils renverfent la matiere dans des caiffes (*A*) , *fig. 3* , *Pl. 5* , d'un demi-pouce de haut pour la faire fécher. Cette matiere une fois féche, eft ce que les Marchands Droguiftes de Paris appellent *Inde.*

Dans les pays où l'on obferve cette méthode, l'Inde de la premiere cueillette paffe, fuivant cette Relation, pour la meilleure. Celui de la feconde eft moins beau, & ainfi des autres ; la couleur du premier étant d'un violet plus vif & plus brillant que celui des coupes fuivantes. Voici ce qu'on objecte à cet Ecrit. Quelle apparence y a-t-il, que des hommes dont l'indolence eft extrême, s'amufent à éplucher les feuilles de chaque plante ? Quel temps ne faudroit-il pas pour remplir une cuve de feuilles moins grandes que celles de notre Bouis d'Europe ? Suppofant même que la chofe puiffe s'exécuter, eft-on certain du fuccès de la diffolution ? Toutes les feuilles entaffées les unes fur les autres, ne feroient-elles pas un maftic capable d'empêcher l'eau d'y pénétrer ? Mille Indiens pourroient-ils couper & éplucher affez d'herbe pour remplir une cuve capable de rendre 70 livres d'Inde ? On ne dira pas qu'au lieu d'un jour on en mettroit trois ; puifque la premiere herbe feroit tellement rôtie au foleil, qu'elle fe pulvériferoit au moindre attouchement.

Ces réflexions feroient fans replique, s'il étoit indifpenfablement néceffaire d'employer ces feuilles toutes fraîches pour en tirer parti ; mais il s'en faut de beaucoup que les chofes foient ainfi : pour s'en convaincre, il fuffit de jetter les yeux fur la defcription fuivante.   *Maniere*

Maniere de femer , de cultiver & d'extraire la couleur de l'herbe nommée
Indigo , dans les pays de l'Orient , voifins du Tsinfai , entre les côtes de
Coromandel & de Malabare , par Herbert de Jager. (1).

L e s terrains trop gras & trop humides , ne conviennent pas à l'herbe qu'on
appelle *Indigo* ; car , ou il pouffe trop vîte & n'eft rempli que d'un fuc aqueux ,
ou il eft étouffé par les mauvaifes herbes. C'eft pourquoi on choifit pour le cultiver , les pieces de terre les plus élevées , & qui ne font pas fujettes à trop de
pluie , ou à de trop fortes rofées. On recherche de préférence les fonds , dont
une partie de bonne terre foit mêlée avec deux de fable : il vient même dans
le fable pur , aux environs de *Devenapatan* ; mais il ne profite pas fi bien. Lorfque les pluies du mois de Septembre commencent à tomber , on laboure une
ou deux fois la terre avec la charrue , & après cette façon on la laiffe repofer
jufqu'au mois de Décembre ; on repaffe alors la charrue , & au premier beau
temps on jette la femence dans les fillons , & on les applanit avec la herfe. Lorfqu'après les farclaifons convenables , l'herbe vient à porter fleurs & graines , ce
qui arrive vers le mois de Février , & que fes feuilles commencent à jaunir , on
la coupe de maniere qu'il refte encore aux branches qu'on laiffe fur la fouche ,
une palme de hauteur , au moyen de quoi elle repouffe aux premieres pluies
favorables , & fournit au bout de trois mois la matiere d'une feconde coupe ,
qui , étant faite comme la premiere , eft fuivie d'une troifieme , après laquelle
on la laiffe pouffer pour en recueillir la graine , qu'on fait fécher , afin qu'elle
foit propre à être mife en terre dans le temps convenable. Enfin on brûle la
plante comme incapable d'une nouvelle reproduction , & on en répand les cendres fur les champs en guife de fumier.

On ne coupe l'herbe que d'un beau temps , afin de pouvoir l'expofer au foleil
depuis le quart du jour jufqu'à quatre heures après-midi , & la faire deffécher
parfaitement : on la bat enfuite jufqu'à ce que les feuilles fe détachent toutes de
leur pédicule , & on les ramaffe dans un lieu à l'abri du vent , où elles reftent
jufqu'à ce qu'il faffe un temps affez calme pour qu'on puiffe de nouveau les
faire fécher au foleil & les réduire en pieces avec des bâtons ; quand elles font
en cet état , on les porte dans une aire , renfermée de tous côtés ; on les couvre
de clayes & de nattes , & on les conferve ainfi pendant vingt ou trente jours. On
les met enfuite dans des chaudieres , où l'on verfe de l'eau douce ou falée ; car
cela eft indifférent. On expofe ces chaudieres à l'ardeur du foleil ; depuis dix
heures du matin jufqu'à deux heures après-midi. Les feuilles commencent alors
à s'enfler , & il s'éleve une écume d'une légere couleur de pourpre. On filtre la
teinture à travers un drap bien net. On verfe enfuite de l'eau fur les feuilles
qu'on a eu foin de ferrer fortement avec les mains ; & on réitere ce travail , jufqu'à ce que l'eau ne paroiffe plus teinte en verd. Après quoi on bat ces tein-

(1) Mélanges curieux , ou Ephémérides de l'Académie des Curieux de la Nature. Décurie feconde ,
Année feconde , 1683 , à Nuremberg. Obfervation 4.

Indigotier. .   F

tures à différentes reprifes à peu-près de la même maniere qu'on bat le beurre en notre pays, jufqu'à ce que l'écume, qui eft en commençant d'un violet clair, devienne toute bleue, & que l'eau foit prefque noire. On la laiffe enfuite repofer pendant deux heures, lequel temps paffé, on l'agite deux ou trois fois avec une palette; on couvre le vafe d'un drap, & on n'y fait plus rien jufqu'à ce que la matiere épaiffie, qui eft de véritable Indigo, foit toute dépofée au fond. Le lendemain vers les huit heures du matin, on fépare le fédiment d'avec l'eau, qui a pour lors une couleur rouffâtre. On remue deux ou trois fois ce fédiment avec les mains, & on le tranfporte fur un lit de fable, un peu en pente vers le milieu, couvert d'un drap mouillé qui a déja été expofé pendant deux heures aux plus forts rayons du foleil, & on le répand fur ce drap; par ce moyen l'eau s'échappe & abandonne ce qui eft le plus épais, dont la fuperficie fe couvre d'une pellicule tirant fur le pourpre; & afin que la matiere prenne de la confiftance, on la laiffe ainfi environ deux heures, c'eft-à-dire, jufqu'à ce qu'elle commence à fe fendre. On prend alors les coins du drap, & on le plie en deux, afin de doubler l'épaiffeur de la matiere; on la rompt avec les mains, on la met dans une chaudiere, & on la pétrit bien avec les mains qu'on trempe auparavant dans l'eau; puis on en fait des gâteaux, qui, étant parfaitement fecs, fe vendent enfin de tous côtés comme un Indigo de toute beauté, propre aux différents ufages de la peinture & de la teinture des draps en bleu.

Maniere de cultiver & de préparer l'Indigo dans le Guʒaratte. Par Baldœus (1).

O n feme l'Indigo en Juin & Juillet, & on en fait la récolte aux mois de Novembre & de Décembre.

L'efpece la plus large croît près de Chircées, village dont on lui donne le nom, à deux lieues d'Amadabat, capitale du Guʒaratte. On le recueille trois fois en trois ans; après quoi il n'eft plus que de très-peu de valeur, & même la feconde & la troifieme récolte ne font pas autant eftimées que la premiere. La premiere année on coupe les feuilles environ à un pied au-deffus de la terre, on les fait fécher vingt-quatre heures au foleil, & on les met enfuite dans de petits vaiffeaux remplis d'eau falée. On charge de groffes pierres cette mixtion pendant quatre ou cinq jours, en entretenant toujours l'eau dans un mouvement continuel; après quoi on la tranfporte dans des vaiffeaux plus grands, où on la tient auffi dans l'agitation, en foulant l'eau fans intermiffion, jufqu'à ce qu'elle commence à devenir épaiffe, & que l'Indigo tombe au fond. Alors on le tire de l'eau: on le fait paffer au travers d'une toile claire, & on le couvre de cendres chaudes pour le faire fécher. Les gens de la campagne l'alterent par de l'huile, ou avec de la terre de la même couleur, pour qu'il paroiffe meilleur fur l'eau.

Les marques de la bonté de l'Indigo, font quand il eft brillant & fec, qu'il

(1) Defcription des côtes de Malabare, comprife dans le fixieme Tome des Découvertes des Européens, *page* 322.

nage fur l'eau, qu'il donne une fumée de couleur violette en le mettant au feu, & qu'il ne refte que très-peu de cendres. Il faut laiffer repofer la quatrieme année le terrein qui a produit l'Indigo, que le peuple de Guzaratte nomme *Amiel de Biant.* Il vient particuliérement dans les faifons pluvieufes de Juin, Juillet, Août & Septembre, quoique l'excès de la pluie lui foit pernicieux. Il faut avoir grand foin que le terrein des environs foit nettoyé de Chardons & de Ronces; & les Acheteurs doivent bien prendre garde qu'il foit très-fec, autrement ils perdent trois livres fur dix en huit ou neuf jours.

L'Indigo *Laura,* ou *Indigo de Bayane,* eft de trois efpeces différentes. La premiere qui s'appelle *Vouthy,* eft d'un bleu brillant, & tire fur le violet, quand on l'exprime au foleil fur l'ongle du pouce. La feconde, nommée *Gerry,* eft d'autant plus eftimée, qu'elle approche plus de la couleur violette. Enfin la troifieme, appellée *Cateol,* eft la moindre de toutes: la couleur en eft d'un rouge obfcur; & elle eft fi dure, qu'à peine peut-on la broyer.

Defcription de la culture de l'Indigo, & de fa Fabrique à Girchées, près d'Amadabat. Par Mandeflo (1).

L e meilleur Indigo du monde vient auprès d'Amadabat, dans un village nommé *Girchées,* qui lui donne fon nom. Il croît dans les bonnes années jufqu'à la hauteur de fix à fept pieds.

La graine de cette plante fe met en terre au mois de Juin, & on la coupe en Novembre & Décembre; on ne la feme que de trois ans en trois ans. La premiere année on la coupe à un pied de terre; on en ôte le bois, & l'on met les feuilles fécher au foleil; après quoi on les fait tremper dans une auge de pierre, où l'on met fix ou fept pieds d'eau, que l'on remue de temps en temps, jufqu'à ce qu'elle ait attiré la couleur & la vertu de l'herbe. On fait enfuite couler l'eau dans une autre auge, où on la laiffe raffeoir une nuit. Le lendemain on en tire toute l'eau; on paffe par un gros linge ce que l'on trouve au fond, on le met fécher au foleil, & c'eft le meilleur Indigo. Mais les payfans le falfifient en y mêlant une certaine terre de la même couleur; & d'autant que l'on juge de la bonté de cette drogue par fa légéreté, ils ont l'adreffe d'y mêler un peu d'huile pour la faire nager fur l'eau.

L'herbe vient bien la feconde année aux troncs que l'on a laiffés à la campagne; mais elle n'eft pas fi bonne que celle de la premiere année. Néanmoins on la préfere au *Gingey,* c'eft-à-dire, à l'Indigo fauvage. C'eft auffi dans la feconde année qu'on en laiffe monter une partie pour en recueillir la graine. Celle de la troifieme année n'eft pas bonne; & ainfi n'étant point recherchée par les Marchands étrangers, ceux du pays l'employent à la teinture de

(1) Extrait du Voyage de Jean Albert Man-   Relation du Voyage d'Adam Oléarius en Mof-
deflo, aux Indes orientales, incorporé dans la   covie, Tome 2, feconde Edition, *page* 228.

leurs toiles. La couleur du meilleur Indigo tire fur le violet, & il fent auffi la violette quand on le brûle. Les Indoftans l'appellent *Anil*, & laiffent repo-fer la terre un an, avant d'y en femer de nouveau.

Defcription de la culture de l'Indigo, & de fa manipulation dans le Guzaratte. Par *Wan-Twift* (1).

Premier Extrait de l'Herbier d'Amboine.

APRÈS avoir recueilli les feuilles de la premiere récolte de l'Indigo, on les expofe pendant le jour au foleil pour les faire fécher; & lorfqu'elles font féches, on les met dans des cuves de pierre conftruites à cette fin : on les remplit d'eau pure à la hauteur d'un homme ou environ ; on brouille de temps en temps cette eau, afin de lui faire prendre la vertu & la couleur de la plante ; & lorfqu'elle en eft bien imprégnée, on la fait paffer dans un autre vaiffeau joignant le pre-mier. On la laiffe repofer toute la nuit, afin qu'elle s'éclairciffe & qu'elle fe fé-pare d'une matiere épaiffe qui va au fond. On retire enfuite ce réfidu, qui eft la fubftance groffiere de l'Indigo, & on la filtre à travers un drap peu ferré ; puis on met la fine matiere qui en fort, dans des endroits bien propres, pour la faire fécher au foleil. Cette matiere ainfi purifiée, eft ce qu'on appelle *Indigo* : Elle eft quelquefois altérée par les payfans, qui, pour en augmenter le poids, la mêlent avec un peu de terre qui approche beaucoup de l'Indigo ; & ils y joignent encore de l'huile, afin qu'elle flotte mieux fur l'eau.

Les fouches de la plante qu'on a laiffées dans les champs, pouffent l'année fuivante des rejettons qui donnent un Indigo dont la qualité eft auffi bonne & même meilleure que celui qu'on retire du *Gingay*, c'eft-à-dire, de l'Indigo fauvage.

L'Auteur de l'Herbier d'Amboine (2), ajoute : J'ai appris des Chinois une autre maniere de faire l'Indigo, dont voici le procédé.

Second Extrait de l'Herbier d'Amboine.

On prend les tiges & les feuilles de l'herbe verte, quelques-uns mêmes y joignent les fouches avec la racine, & on les met dans une cuve ou un fort ton-neau, dans lequel on verfe une quantité d'eau affez grande pour que l'herbe en foit entiérement couverte. On laiffe macérer cette herbe vingt-quatre heures, pendant lefquelles l'eau en extrait toute la couleur, & s'épaiffit comme celle d'un marais. On jette enfuite toutes les tiges avec leurs feuilles, & on verfe dans chaque cuve trois ou quatre mefures, qu'on nomme *Gantang*, de chaux fine paffée au tamis, qu'on remue vigoureufement avec de gros bâtons, jufqu'à ce qu'il s'éleve une écume pourprée. On laiffe alors repofer la cuve pendant vingt-quatre heures ; on en tire l'eau & on en fait fécher au foleil la fubftance qui fe trouve au fond ; on en facilite le deffechement en la divifant en gâteaux

---

(1) Chef du Commerce de la Compagnie Hollandoife des Indes, dans fon Itinéraire ou Defcription du Guzaratte, Chap. 10. *Voyez* l'Herbier d'Amboine, cinquieme Partie, Chap. 39, *page* 220 & fuivantes; par George Everhard Rumphe.

(2) Partie 5e. Chap. 39, *page* 220 & fuiv.

ou

ou carreaux, lesquels étant bien secs, forment un Indigo propre à être vendu & transporté dans les pays étrangers.

On m'a aussi donné la préparation suivante, usitée aux environs d'Agra.

Lorsque l'Indigo planté dans un terrein frais, a reçu les pluies du mois de Juin, & lorsqu'il a atteint la hauteur d'une aune, on le coupe & on le met dans une tonne nommée *tanck*, qu'on remplit d'eau. On charge cette eau d'autant de poids qu'elle en peut porter. On la laisse dans cet état pendant quelques jours, jusqu'à ce qu'on s'apperçoive que l'eau ait acquis une forte couleur bleue. On met dessous, ou tout auprès, une autre tonne dans laquelle on fait passer la liqueur au moyen d'un canal, & on l'agite avec les mains. On examine l'écume pour juger quand il convient de cesser l'agitation. On y verse alors un quarteron d'huile, & on couvre la cuve jusqu'à ce que toute la partie bleue qui, en cet état ressemble à de la boue, se dépose au fond. Lorsque l'eau est écoulée, on ramasse la fécule, on l'étend sur des draps, & on la fait sécher sur un terrein sablonneux ; mais tandis qu'elle est encore humide, on en forme avec la main des boules ou des mottes, que l'on renferme ensuite dans un lieu chaud. Cette matiere bleue est alors en état d'être vendue. On l'appelle dans l'Indostan *Noti*, & chez les Portugais *Bariga*; cet Indigo ne tient que le second rang pour la qualité ; car, lorsque les pluies de la seconde année ont humecté la terre, & que les souches de l'Indigo coupées l'année précédente ont repoussé, les rejettons coupés & traités comme ci-devant, donnent un Indigo de premiere qualité, qui s'appelle dans l'Indostan *Tsjerri*, & chez les Portugais *Cabeça*.

On fait la troisieme année une derniere coupe des rejettons, que les pluies ont encore fait naître, & on les traite de la même maniere que ci-dessus ; mais l'Indigo qu'on en retire est de la plus basse qualité : on lui donne le nom de *Saffala* ou de *Pée*. Pour distinguer ces trois especes, il faut remarquer que le Tsjerri ou Cabeça est très-bleu, & qu'il a une très-fine couleur ; la substance en est tendre ; elle flotte sur l'eau : elle produit une fumée très-violette lorsqu'on la met sur les charbons ardents, & laisse peu de cendres.

Le Noti ou Barriga, est d'une couleur tirant sur le rouge, lorsqu'on l'examine au soleil.

Le Saffala ou Pée, est une substance très-dure, & il a une couleur terne.

Description de la culture de l'Indigo & de sa préparation, tirée du Chapitre de l'Histoire Naturelle des Indes (1).

IL croît de l'Indigo dans plusieurs endroits des Indes. Son apprêt dans le territoire de Bayana, d'Indoua & de Corsa dans l'Indoustan, à une ou deux journées d'Agra, passe pour le meilleur. Il en vient aussi dans le pays de Surate,

Troisieme
Extrait de
l'Herbier
d'Amboine.

fur-tout vers Sarqueffe , à deux lieues d'Amadabat ; c'eft de-là qu'on tire particulierement l'Indigo plat. On en fabrique dé la même façon & à peu-près de
même prix fur les terres de Golconde. Le *Mein* de Surate , qui eft de 42 ferres
ou 34 & demie de nos livres , fe vend depuis 15 jufqu'à 20 roupies. Il s'en fait
auffi à Baroch , & de la même qualité que le précédent. Celui du voifinage d'Agra,
fe paitrit par morceaux en forme de demi-fphere. Il s'en fabrique auffi dans le
Canton de Raout , à 36 lieues de Brampour , & dans plufieurs autres endroits
du Bengale , d'où la Compagnie Hollandoife le fait tranfporter à Mazulipatan.
Mais toutes ces efpeces d'Indigo y font à meilleur marché de vingt pour cent ,
que celui d'Agra. On feme l'Indigo aux Indes Orientales après la faifon des
pluies. L'ufage général des Indiens , eft de le couper trois fois l'année. La premiere coupe fe fait lorfqu'il a 2 ou 3 pieds de hauteur , & on le coupe alors à
demi-pied de terre. Cette premiere récolte eft fans comparaifon meilleure que
les deux autres. Le prix de la feconde diminue de 10 à 12 pour cent , & celui
de la troifieme d'environ 20 pour cent. On en fait la diftinction par la couleur , en rompant un morceau de fa pâte. La couleur de celle qui fe fait la premiere , eft d'un violet bleuâtre plus brillant & plus vif que les deux autres ; &
celle de la feconde eft plus vive auffi que celui de la troifieme. Mais outre
cette différence , qui en fait une confidérable dans le prix , les Indiens en
alterent le poids & la qualité par des mêlanges.

Après avoir coupé ces plantes , ils féparent les feuilles de leur petite queue
en les faifant fécher au foleil. Ils les jettent dans des baffins faits d'une forte de
chaux , qui s'endurcit jufqu'à paroître d'une feule piece de marbre. Ces baffins
ont ordinairement 80 à 100 pas de tour. Après les avoir à moitié remplis d'eau
faumache , on acheve de les remplir de feuilles féches , qu'on y remue fouvent
jufqu'à ce qu'elles fe réduifent comme en vafe ou en terre graffe. Enfuite
on les laiffe repofer pendant quelques jours , & lorfque le dépôt eft affez fait
pour rendre l'eau claire par-deffus , on ouvre des trous qui font pratiqués exprès autour du baffin , pour laiffer écouler l'eau. On remplit alors des corbeilles de cette vafe ; chaque Ouvrier fe place avec fa corbeille dans un champ
uni , & prend de cette pâte avec les doigts pour en former des morceaux de la
groffeur d'un œuf de poule coupé en deux , c'eft-à-dire , plat par en bas & pointu
par en haut.

L'Indigo d'Amadabat s'applatit & reçoit la forme d'un petit gâteau. Les Marchands qui veulent éviter de payer les droits d'un poids inutile , avant de tranfporter l'Indigo d'Afie en Europe , ont foin de le faire cribler pour ôter la pouffiere qui s'y attache. C'eft un autre profit pour eux ; car ils la vendent aux habitans du pays , qui l'emploient dans leurs teintures. Ceux qui font employés
à cribler l'Indigo , y doivent apporter des précautions. Pendant cet exercice ,
ils ont un linge devant leur vifage , avec le foin continuel de tenir les conduits
de la refpiration bien bouchés , & de ne laiffer au linge que deux petits trous

vis-à-vis des yeux. Ils doivent boire du lait à chaque demi-heure , & tous ces préfervatifs n'empêchent point qu'après avoir exercé leur office pendant 8 ou 10 jours , leur falive ne foit pendant quelque temps bleuâtre. On a même obfervé que fi l'on met un œuf le matin près des criblures , le dedans fe trouve tout bleu le foir lorfqu'on le caffe. A mefure qu'on tire la pâte des corbeilles avec les doigts trempés dans de l'huile , & qu'on en fait des morceaux , on les expofe au foleil pour les fécher. Les Marchands qui achetent l'Indigo , en font toujours brûler quelques morceaux , pour s'affurer qu'on n'y a pas mis de fable. L'Indigo fe réduit en cendres , & le fable demeure entier. Ceux qui ont befoin de graine pour en femer , laiffent la feconde année quelques pieds debout ; ils les coupent lorfque les gouffes font mûres , les font fécher fur la terre , & en recueillent enfuite la femence. Quand une terre a nourri l'Indigo pendant trois ans , elle a befoin d'une année pour fe repofer avant qu'on y en feme d'autre.

Defcription de la culture & fabrique de l'Indigo. Par Franç. Pelfart (1).

Ils fement leur Indigo au mois de Juin , qui eft le temps où il commence à pleuvoir , & ils emploient 15 livres de graine pour chaque Biga , qui eft une mefure de terre de 60 aunes de Hollande. L'Indigo croît à la hauteur d'une aune quand la faifon eft favorable. On le coupe en Septembre ou au commencement d'Octobre.

Lorfqu'on tarde trop long-temps à en faire la récolte , les froids furviennent ; cette plante qui ne peut les fouffrir , change de couleur , & la pâte qu'on en retire eft brune & fans luftre. On coupe l'herbe à quatre doigts de terre , & on met dans une cuve toute celle d'un Biga. Ce vaiffeau a 38 pouces en quarré , & la hauteur d'un homme. Ils y laiffent pourrir l'herbe l'efpace de 17 heures ; après ce temps on fait couler l'eau dans un puits qui a 32 pieds de circuit , & 6 pieds de profondeur ; deux ou trois hommes qui font dedans , la remuent avec les pieds & les bras , & par ce mouvement lui font tellement changer de couleur , qu'elle devient d'un bleu obfcur. Ils la laiffent après cela repofer 16 heures. Pendant ce temps la matiere la plus épaiffe defcend dans un creux en forme de cloche qui fe trouve au fond du puits. Ils font écouler l'eau , & ils retirent l'Indigo qu'ils étendent fur des linges jufqu'à ce qu'il foit fec. . . . . Ils mettent dans un pot de terre ce qu'ils ont ramaffé dans chaque puits , & le bouchent foigneufement , de peur que l'air ou le vent venant à donner deffus , ne le deffêche. . . . . . . On en recueille tous les ans à Bayana 800 paquets , & 1000 à Meeuwat , quartier dépendant d'Agra ; mais l'Indigo en eft huileux , & n'eft

. (1) Relation du Voyage aux Indes Orientales , traduite par Hacluyt , *in-fol.* Tome 2 , page 4 & fuiv. Avis & Remarques de Fr. Pelfart , principal Facteur de la Compagnie de Hollande pour les Indes Orientales , année 1621 , fur la Province d'Agra & de Bayhana.

pas de grande valeur. On y trouve ordinairement du fable. Ils ne le font point à la maniere de ceux de Bayana, mais fuivant celle de ceux de Circhées, qui en pilent les feuilles pour en tirer enfuite la fubftance, en les mettant & en les remuant continuellement dans un puits qui a la forme des vaiffeaux où l'on bat le beurre en Hollande. Ils en ôtent ce qui furnage. (L'Auteur ne dit rien du refte de la façon). Cet Indigo ne fe vend que 20 roupies le Manon, quand celui de Bayana en vaut 30..... Dans les villages qui dépendent de Bayana, les puits où ils le mettent fe rempliffent d'eau falée, ce qui fait paroître leur Indigo plus dur lorfqu'on le rompt. Il fe rencontre quelquefois que de deux puits qui feront proches l'un de l'autre, l'un fera d'eau falée & l'autre d'eau douce ; & l'Indigo d'une même terre, qui aura été préparé dans un puits falé, fe vendra une roupie par Manon plus que celui qui aura été préparé dans un puits d'eau douce.

J'ai lu dans un Auteur, dont le nom m'a échappé, les deux Obfervations fuivantes :

Les Indiens de Guzaratte & de Gambaye, après avoir coupé leur Indigo, le font fécher pour le battre & en retirer toutes les feuilles, qu'ils broyent dans un moulin femblable à ceux dont on fe fert pour écrafer les pommes ou les olives (1). Ils mettent enfuite la poudre de ces feuilles à infufer pendant 24 heures, dans une quantité d'eau affez grande, pour que la diffolution puiffe fe filtrer à travers une étoffe. Ils laiffent repofer cette liqueur ainfi filtrée, jufqu'à ce qu'elle ait formé fon dépôt. Ils foutirent l'eau qui le furnage ; & ils retirent le fédiment pour le mettre à fécher fur des toiles tendues à l'ombre fur du fable fin & bien fec. Lorfque cette matiere a acquis une certaine confiftance, ils en forment des tablettes peu épaiffes, qu'ils achevent de faire fécher fur des planches à l'abri du foleil. Il réfulte de cet apprêt une marchandife d'une qualité fupérieure. Quant à ce qui refte fur le filtre, il ne fe vend point aux Étrangers; mais les gens du pays s'en fervent pour teindre les étoffes les plus groffieres.

Il y a des quartiers où l'on prépare le Paftel d'Inde de la maniere fuivante : On fait fécher & réduire en poudre les feuilles de l'Indigo, ainfi que nous avons dit ci-deffus ; puis on détrempe cette poudre de façon à en former une pâte qu'on fait fécher tout de fuite : mais comme il s'en faut de beaucoup qu'elle ait toute la beauté qu'elle doit acquérir, on la broye de nouveau & on l'arrofe comme la premiere fois, pour en former de nouveaux pains, & on réitere tout cet apprêt jufqu'à ce que la marchandife ait atteint l'éclat & la fineffe qu'on veut lui procurer (2).

Il convient maintenant de tourner nos regards fur les Indigos que nous préfente la Terre ferme de l'Amérique, & fur les différents travaux qu'ils occafionnent.

---

(1) Voyez *Pl. II, fig.* 1, 2 & 3, & leur explication qui eft à côté.
(2) On voit l'Abrégé de ce procédé dans les Voyages de François Pirard, troifieme Partie, *page* 13.

CHAPITRE

CHAPITRE CINQUIEME.

Des Indigos & Fabriques du Continent de l'Amérique.

Nous n'entreprendrons point de compter toutes les especes d'Indigos qui croissent dans cette partie du Monde, ni de distinguer celles qui lui sont communes avec l'Asie & l'Afrique, soit naturellement soit par transport. Nous ne déciderons point non plus si toutes les especes qui viennent dans les Isles de l'Amérique, se trouvent dans le Continent; mais nous pouvons assurer qu'il en croît dans le Brésil & dans la nouvelle Espagne, deux especes totalement différentes de celles qu'on trouve dans nos Isles, & une troisieme qui a un très-grand rapport avec l'Indigo bâtard de Saint-Domingue, ou à une autre espece qui croît dans la même Isle, à laquelle on donne le nom de *Guatimala*.

Ces trois especes, qui sont les seules dont François Ximenès (1), Guillaume Pison (2), François Hernandès & Antoine Recchus (3), Jean de Laet (4), & George Margrave (5), ayent traité à fond, sont ainsi décrites par ces Auteurs.

Description de l'Annir à petites feuilles.

Le Xihuiquilitl-Pitzahuac, c'est-à-dire, l'Annir à petites feuilles, est un arbrisseau qui, d'une simple racine, pousse plusieurs souches hautes de six palmes, grosses comme le petit doigt, rondes, polies & de couleur cendrée. Ses feuilles ressemblent à celles des Pois chiches (6). Ses fleurs sont très-petites & de la couleur d'un blanc-rougeâtre. Ses siliques qui sont attachées par floccons aux souches, ressemblent à des vermisseaux qu'on appelle *Ascorides*. Elles sont assez grossieres & pleines de semence noire. Cette graine ressemble à celle du Fenugrec, plate des deux côtés comme si elle étoit coupée à chaque bout : cette plante est un peu amere. Les Naturels de l'Amérique, font avec ses feuilles, une teinture qu'ils appellent *Tlauhoylimihuitl*, dont ils se servent pour noircir leurs cheveux. Cette plante vient d'elle-même dans les plaines ainsi que dans

---

(1) Commentaire des Plantes de la nouvelle Espagne. Cet Ouvrage imprimé au Mexique, est très-rare, & nous ne le connoissons que par les Extraits qui en ont été faits par les Auteurs dont nous faisons mention ci-dessus.
(2) Trésor des Matieres Médicales, Liv. 4, *page* 109, & Hist. Nat. du Brésil, Liv. 4, *page* 198.
(3) Trésor des Plantes de la nouvelle Espagne, imprimé au Mexique en 1651, *pages* 108 & 109.
(4) Histoire du Nouveau Monde, imprimé à Leyde en 1640, Article de la Province proprement dite de *Guatimala*, Liv. 7 Chap. 29, *page* 240.
(5) Histoire Naturelle du Brésil, par Guillaume Pison & George Margrave; mise au jour & augmentée par Jean de Laet, en 1648, Liv. 2, Chap. 1, *page* 57.
(6) Il se trouve ici une contradiction entre la Gravure & la Description ; car on voit, dans Hernandès, *page* 108, Edition de Rome, cette Plante représentée avec des feuilles longues & très-pointues des deux bouts : c'est pourquoi nous n'en avons point fait copier la figure, crainte de méprise.

les montagnes. Quoique quelques-uns la regardent comme une herbe ; il me paroît cependant qu'on doit la ranger dans la claffe des arbriffeaux, puifqu'elle fe foutient pendant deux ans avec beaucoup de vigueur. Or, la maniere de faire cette couleur bleue, que les Mexiquains nomment *Mohuitli* & *Tlecohuitli*, & les Caftillans *Azul*, vulgairement *Annil*, eft telle. Ils mettent les feuilles tirées de cette plante dans un vaiffeau d'airain, & par-deffus ces feuilles de l'eau tiéde, quoique, fuivant quelques-uns, l'eau froide foit préférable. Ils l'a-gitent violemment jufqu'à ce qu'elle foit chargée d'une forte teinture, après quoi ils la verfent doucement dans un autre vaiffeau qui a un trou affez élevé au-deffus du fond, par lequel le plus clair de l'eau s'échappe. Celle qui eft la plus trouble & qui eft imprégnée de la fubftance la plus épaiffe des feuilles, demeure au fond, & on la filtre à travers un fac de toile de chanvre. On expofe au foleil la matiere qui refte dans le fac ; puis on en forme des gâteaux, & on acheve de les deffécher en les mettant dans des baffins fur des charbons ardents jufqu'à ce qu'ils deviennent bien durs.

Defcription du Caachira, faite par les Auteurs précédents, & principalement par Guillaume Pifon (1).

L A célebre Plante que les Portugais appellent *Evra d'Anir*, & les Naturels du pays *Caachira*, vient ici (au Bréfil) par-tout, quoiqu'on néglige de la cul-tiver pour les ufages de la Médecine & de la Teinture. Il s'éleve de la racine de cette plante (2), diftribuée en quantité de rameaux ligneux, longs & couchés, plufieurs tiges rondes, longues de deux à trois pieds & quelquefois davantage, rampantes fur la terre où elles jettent çà & là des filaments qui y prennent racine, & s'élevent enfuite vers leur extrémité.

De ces tiges, qui pour la plupart font couchées fur terre, il fort différents jets qui pouffent en haut, fur chacun defquels il en vient encore huit ou neuf, & plus fouvent dix autres également ronds, ligneux & un peu roux d'un côté. Tous ces jets font garnis de rameaux longs d'un doigt, placés alternativement, dont chacun porte fept ou huit paires de feuilles oppofées deux à deux avec une impaire au bout. Ces feuilles ont au milieu de leur longueur une nervure : elles font un peu plus larges que celles du *Trifolium* de Dodone, auxquelles elles reffemblent. Il croît à l'aiffelle des rameaux, de petits pédicules qui por-tent cinq à fix petites fleurs & plus, de couleur de pourpre, lavé de blanc, de la figure d'un cafque ouvert, comme celles du Lierre terreftre ou de l'Ortie morte, & d'une agréable odeur. Cette plante vient çà & là dans le Bréfil.

(1) Tréfor des Matieres Médicales, Liv. 4, *page* 109. Hift. Nat. du Bréfil, Liv. 4, *page* 198, & en quelques Editions, *pages* 57 & 58.
(2) *Fig.* 4. *Pl. I.*

Description de l'Indigo riche de la terre ferme.

XIMENÈS, Pifon & les autres que nous avons déja cités, ayant donné à la plante dont nous allons parler, le même nom qu'aux deux précédentes, nous nous sommes déterminé à diftinguer celle-ci par un furnom relatif à fa qualité, en attendant que les Botaniftes lui en ayent affigné un propre à fon caractere. Cette plante (1) croît jufqu'à la hauteur de deux ou trois pieds. Sa tige eft ronde & noueufe, effilée, pleine de fuc, fpongieufe comme les rofeaux, verte & couverte çà & là de poils roux. Elle pouffe fur fa tige & fur fes branches, des feuilles fans pédicule & fe touchant de fort près, oppofées deux à deux, longues de quatre doigts, étroites & vertes comme celles de la Lyfimaque : elles font couvertes de petits poils blancs des deux côtés & un peu rudes au toucher. Il fort des mêmes nœuds où les feuilles font placées, deux pédicules à côté l'un de l'autre, droits & longs de deux ou trois doigts, portant à leur extrémité une fleur ronde de la grandeur de la Paquerette, entourée de diftance à autre de petites feuilles blanches, au milieu defquelles fe trouvent de petites étamines blanches. Sa racine qui peut avoir environ un demi-pied, eft un peu courbe ; elle jette d'autres petites racines couchées, ligneufes & couvertes d'une écorce brune qui peut facilement fe détacher. Toute cette plante, de même que fa racine, eft tellement pleine de fuc, que fi on vient à rompre une partie de l'une ou de l'autre, il en fort auffi-tôt une couleur bleue.

On fait de l'Anir en pilant feulement cette herbe, & en la laiffant infufer dans l'eau. On la laiffe tranquille pour lui donner le temps de former fon dépôt, qu'on fait deffécher au foleil & qui fe vend au poids de l'or.

On trouve encore une autre plante qui porte le même nom que la précédente, (de maniere que celle-ci fait la quatrieme dont il foit parlé au fujet de la nouvelle Efpagne & du Bréfil). Elle donne un bleu foncé, dont les femmes fe fervent pour teindre leurs cheveux en noir. Celle-ci differe beaucoup de la précédente par la grandeur & la forme ; car c'eft un arbriffeau médiocre qui jette plufieurs racines comme le Sarment, accompagnées de beaucoup de fibres, defquelles fortent plufieurs fouches de couleur cendrée. Ses feuilles reffemblent à celles du Poivre long ; mais elles font un peu plus grandes, & elles ont quelques nervures qui s'étendent fur toute leur longueur. Ses fleurs font blanches. On en tire la couleur de la même façon que de la précédente efpece ; mais elle eft moins belle & moins chere.

(1) *Fig.* 5, *Pl. I.*

Defcription de la Culture & Fabrique de l'Indigo à la Caroline.
Par *William Burck* (1).

L'I N D I G O eft une matiere que l'on tire d'une plante du même nom, que l'on a vraifemblablement appellée ainfi de l'Inde, où on l'a cultivée pour la premiere fois, & d'où, pendant un temps confidérable, on a tiré tout celui qu'on confommoit en Europe.

On cultive trois fortes d'Indigos dans la Caroline (2), qui demandent chacun un terrein différent. Le premier, favoir celui de France ou d'Hifpagniola, pouffe un pivot fort long & demande un terrein gras, d'où vient, que bien qu'il foit excellent dans fon efpece, on le cultive peu dans les cantons maritimes de la Caroline, qui font en général fablonneux. Mais il n'y a aucun pays dans le monde où l'on trouve de meilleures terres que celles qui font ici à cent milles de la mer. Une autre raifon qui empêche de le cultiver, eft qu'il ne peut réfifter au froid de la Caroline. (Nous ne rapportons point la defcription que l'Auteur fait de cette efpece, parce que nous en parlerons amplement en traitant des Indigos de nos Ifles).

La feconde efpece, favoir, le faux Guatimala ou le vrai Bahama, fupporte mieux le froid, parce que la plante eft plus forte & plus vigoureufe, & d'ailleurs il eft plus abondant. Il vient dans les plus mauvais terreins, & c'eft ce qui fait qu'il eft plus cultivé que le premier, quoiqu'il foit moins bon pour la teinture. (L'Auteur n'entre dans aucun détail fur cette plante ni fur la fuivante).

Le troifieme eft l'Indigo fauvage, qui étant naturel au pays, répond auffi mieux aux vues du Cultivateur, tant pour la durée de la plante, & la facilité de la culture, que la quantité du produit. On n'eft point d'accord fur la variété de fes qualités, & l'on ignore encore fi elle provient de la nature de la plante, de la température des faifons, qui ont beaucoup d'influence fur la perfection de cette denrée, ou de la maniere dont on le prépare.

On plante ordinairement l'Indigo après les premieres pluies qui fuccedent à l'équinoxe du printems. On feme fa graine dans de petites rigoles efpacées l'une de l'autre de 18 à 20 pouces. Lorfque le temps eft favorable, il eft en état d'être coupé au commencement de Juillet. On fait une feconde récolte vers la fin d'Août, & lorfque l'Automne eft tempérée, une troifieme à la Saint-Michel. Il faut farcler tous les jours la terre où on le plante, en ôter la vermine & donner tous fes foins à la plantation. Une vingtaine de Négres fuffifent pour foigner une plantation de 50 acres, & pour entretenir la Manufacture ; encore ont-ils

---

(1) Hift. des Colonies Européennes, Tome 2, page 282.
(2) Cette Province eft fituée dans l'Amérique | Septentrionale, entre les 31 & 41 dégrés de latitude feptentrionale.

affez

assez de temps pour pourvoir à leur subsistance & à celle de leur Maître. Lorsque la terre est bonne, chaque acre donne 60 à 70 livres d'Indigo, qui valent à prix moyen 50 livres sterlings. On coupe la plante dès qu'elle commence à fleurir ; mais après qu'elle est coupée, il faut prendre garde de ne point la presser ni la secouer en la portant dans l'endroit où on la met à rouir, parce qu'une grande partie de la beauté de l'Indigo dépend de la farine qui est attachée à ses feuilles.

L'appareil pour faire l'Indigo est considérable, mais peu dispendieux. Il consiste en une pompe & quelques cuves & tonneaux de bois de cyprès, lequel est très-commun & à bon marché dans le pays. Après avoir coupé l'Indigo, on le met dans une cuve d'environ 12 à 14 pieds de long, sur quatre de profondeur, à la hauteur d'environ 14 pouces, pour le faire macérer ; on remplit ensuite la cuve avec de l'eau ; au bout de 12 ou 16 heures, selon le temps, l'Indigo commence à fermenter, s'enfle, s'élève & s'échauffe insensiblement. On l'arrête alors avec des pieces de bois mises en travers pour empêcher qu'il ne monte trop, & l'on marque avec une épingle le point de sa plus grande crue. Lorsqu'il baisse au-dessous de cette marque, on juge que la fermentation est à son plus haut degré, & qu'elle commence à diminuer. On ouvre alors un robinet pour faire écouler l'eau dans une autre cuve qu'on appelle *le battoir.* L'herbe qu'on retire de la premiere cuve, sert à fumer la terre & fait un engrais excellent. On continue à y mettre de nouvelle herbe, jusqu'à ce que la récolte soit achevée.

Après avoir fait couler toute l'eau, ainsi imprégnée des particules de l'Indigo dans le battoir, on se sert d'especes de baquets sans fonds, armés d'un long manche pour la remuer & l'agiter, ce que l'on continue de faire jusqu'à ce qu'elle s'échauffe, qu'elle écume, fermente & s'élève au-dessus des bords qui la contiennent. Pour appaiser cette fermentation violente, on verse de l'huile dessus à mesure que l'écume monte, ce qui la fait baisser aussi-tôt. Après qu'on a ainsi agité l'eau pendant 30 ou 35 minutes, selon le temps ; car il faut le battre plus long-temps lorsqu'il fait froid, il commence à se former de petits grains, ce qui vient de ce que les sels & les autres particules de la plante que l'eau avoit divisées & qui s'étoient incorporées avec elle, sont alors réunies.

Pour mieux découvrir ces particules, & savoir si l'eau a été suffisamment battue, on en met de temps en temps quelque peu sur un plat ou dans un verre ; lorsqu'elle paroît telle qu'elle doit être, on fait couler dedans de l'eau de chaux qui est dans un autre vaisseau, & on agite le tout légérement, ce qui facilite l'opération. L'Indigo forme des grains plus parfaits ; la liqueur acquiert une couleur rougeâtre : elle devient trouble & boueuse, & on la laisse reposer. On fait ensuite couler la partie la plus claire dans différents autres vaisseaux, d'où on la tire dès qu'elle commence à s'éclaircir au-dessus, jusqu'à ce qu'il ne reste qu'un limon qu'on met dans des sacs de grosse toile ; on le suspend durant quel-

que temps, jufqu'à ce que l'humidité en foit entiérement diffipée. Pour achever
de fécher ce limon, on le tire des facs, & on le paitrit fur des aïs faits d'un
bois porreux avec une fpatule de même matiere, l'expofant foir & matin au
foleil à différentes reprifes, mais peu de temps. On le met enfuite dans des
boîtes ou caiffes que l'on expofe au foleil avec la même précaution, jufqu'à ce
que l'opération foit finie & que l'Indigo foit fait. Il faut beaucoup d'attention
& d'adreffe dans chaque partie de ce procédé, autrement on court rifque de
tout perdre. On ne doit point laiffer l'eau ni trop long-temps ni trop peu de
temps dans le rouiffoir ni dans le battoir : il ne faut la battre qu'autant de temps
qu'il eft néceffaire ; & prendre garde en faifant fécher la fécule, de ne tomber ni
dans le défaut ni dans l'excès. Il n'y a que l'expérience qui puiffe mettre au fait
de ces fortes de chofes. . . . .

Il n'y a peut-être point d'article fur lequel on faffe de fi grands profits en
ce pays (la Caroline), que fur l'Indigo, ni qui exige moins de dépenfe ; &
il n'y a point de pays où on puiffe le faire avec autant d'avantage que dans cette
Province, vu la bonté du climat. On peut dire à la louange de fes habitans,
que s'ils continuent comme ils ont commencé, & qu'ils s'attachent à le faire
auffi bien qu'il doit l'être, ils en fourniront dans la fuite à tout l'Univers.

Si notre exactitude a répondu à notre intention, le Lecteur doit connoître
à préfent une grande partie des Indigos qui croiffent dans les quatre Continents ;
nous avons même porté le fcrupule jufqu'à faire calquer la figure de ces plantes,
quand nous les avons trouvées dans les Auteurs qui réfervent quelquefois pour
les Planches, l'expofition des différences les plus effentielles, fans en prévenir
le Lecteur : il trouvera ce qui concerne les Indigos de nos Ifles, dans un Chapitre deftiné pour elles feules.

Nous avons auffi tâché de lui faire connoître tout ce que les Auteurs nous
apprennent d'intéreffant fur les Fabriques étrangeres ; mais on n'auroit qu'une
idée bien fuperficielle de celle de l'Indigo dans nos Colonies, fi l'on fe bor-
noit à cette fimple connoiffance. Car, fi d'un côté notre pratique eft en prefque
tous fes points beaucoup plus expéditive, d'un autre côté notre méthode demande auffi beaucoup plus de fcience que toutes les autres ne paroiffent en
exiger. C'eft ce qui va faire le fujet du Chapitre fuivant.

CHAPITRE SIXIEME.

Eléments de la Fabrique de l'Indigo.

L a théorie de cette Fabrique, eft fondée fur la fermentation des végétaux qui font fujets à paffer de l'état ardent ou fpiritueux, à l'état aigre ou acide, & de là au putride, lorfqu'ils font long-temps à infufer dans une certaine quantité d'eau.

Suivant ces principes, l'Indigo peut éprouver fucceffivement ces trois révolutions; mais la pratique enfeigne que le genre fpiritueux eft le feul convenable à fa manipulation, parce que la crife acide étant peu fenfible, l'herbe femble paffer tout d'un coup de l'état le plus fpiritueux & le mieux marqué, à la putréfaction qui lui eft entiérement & uniquement préjudiciable; ce qui eft caufe que les Indigotiers ne font aucune mention du genre acide dans leur procédé; ils divifent feulement la fermentation ardente en deux temps ou dégrés. Ils nomment le premier dégré *pourriture imparfaite*, & le fecond, *bonne ou parfaite pourriture.* Quant au genre putride ou alkalefcent, ils l'appellent *pourriture excédée*, & ils n'omettent rien pour l'éviter.

La pratique enfeigne encore, que pour tirer parti de l'extrait, il faut le foutirer de la cuve où il eft confondu avec la plante, & enfuite le battre ou l'agiter pour réduire tous les principes propres à la formation de l'Indigo, à l'état d'un petit grain diftinct & d'un facile égout, auquel on ne parvient fûrement, que par la voie du battage. Car, fi on abandonnoit une cuve de l'extrait à elle-même, à deffein d'obtenir la fécule fans le fecours du battage, elle tomberoit en putréfaction, & les principes imperceptibles du grain, deftitués de leur apprêt néceffaire pendant le temps convenable, ne fe dépoferoient que fous la forme d'une vafe fluide & incapable de s'égoutter; c'eft pourquoi on ne differe guere le battage d'une cuve, à moins qu'on ne foit dans le cas d'attendre l'extrait d'une autre pour les battre tous deux dans le même vaiffeau, lorfqu'il n'y a pas grande différence entre leurs bouillons; ou bien quand on s'apperçoit que l'extrait paffé dans la batterie, n'a pas affez fermenté, alors on en fufpend l'opération, afin de lui donner le temps de fe perfectionner. Cette derniere manœuvre démontre que la décantation n'arrête point le cours général de la fermentation de l'extrait, & la néceffité de le battre fuivant l'ufage ordinaire. Mais l'Art n'indique point de regle précife fur la durée de la fermentation & fur la mefure du battage, parce que ces deux points dépendent de la qualité ou du corps de l'herbe, & cette qualité de la nature des veines de terre où l'herbe a crû, & de l'altération des faifons qu'elle a éprouvée tandis qu'elle étoit fur pied. Le terme de la fermentation & du battage, dépend encore du temps froid ou chaud , pluvieux ou fec , pendant lequel l'herbe ou fon extrait reçoivent ces différents traitemens , & du degré de chaleur ou de fraîcheur de l'eau dont on fe fert ; ce qui rend la pratique de cet Art variable , obfcure & fujette à beaucoup d'erreurs.

Ces difficultés dont nous rendrons un compte plus exact par la fuite, & des précautions convenables à ce fujet, font caufe qu'on a cherché plufieurs fois le moyen de fupprimer une partie de ce travail, appellé *le battage de l'extrait*. Mais il paroît que jufqu'à ce jour aucune de ces tentatives n'a parfaitement réuffi , ce qui n'eft point furprenant ; parce qu'il faudroit vraifemblablement trouver un précipitant qui pût agir également fur les principes de l'Indigo , foit dans le temps qu'ils éprouvent la fermentation vineufe, foit dans celui où ils fubiffent l'impreffion de la fermentation acide , puifque l'extrait fe trouve fouvent dans ce dernier cas, fans qu'on s'en apperçoive.

Il faut cependant convenir que Rumphe (1), Burck (2) & Han-Sloane (3), nous difent que la poudre de chaux vive paffée au tamis , entre dans la préparation de l'Indigo des Indes ; que l'on fe fert à la Caroline d'eau de chaux , pour le dépouillement ou la clarification de l'extrait ; & qu'à la Jamaïque , on répand de l'urine fur une petite partie de l'extrait, pour connoître la difpofition des principes ou des molécules à une aggrégation qui conftitue le grain. On doit encore ajouter que l'effet de ces mélanges n'eft point entièrement ignoré dans nos Ifles ; mais les premieres tentatives qu'on a faites avec la chaux , n'ayant peut-être point été faites avec toute l'exactitude & la fcience requifes , il en a réfulté un Indigo blanchâtre qui a dégoûté de les renouveller. Quant à l'urine , on reconnoît affez communément qu'elle a la propriété de précipiter le grain plus ou moins parfaitement , fuivant la perfection de la fermentation & du battage ; mais il ne paroît pas qu'on ait cherché à tirer parti de cette connoiffance. On fent d'ailleurs combien il feroit difficile & défagréable d'en vérifier toute l'efficacité par des expériences plus grandes & mieux approfondies , & encore moins celle de la falive , à laquelle on attribue la même propriété. M. Duhamel , de l'Académie des Sciences, dont les vues s'étendent à toutes fortes d'objets utiles , & qui avoit autrefois été confulté fur celui-ci , penfe qu'une diffolution d'alkali phlogiftiqué , à peu-près comme celui dont on fe fert dans la préparation du bleu de Pruffe (4) , feroit un des moyens qu'il conviendroit le plus d'effayer d'après les indications ci-deffus mentionnées.

Il nous paroît cependant qu'entre toutes les matieres tirées du regne animal , ou végétal , celles qui ont une qualité vifqueufe ou mucilagineufe , font au

---

(1) Voyez le fecond Extrait de l'Herbier d'Amboine , Fabrique des Chinois.
(2) Voyez Fabrique de la Caroline.
(3) Hiftoire Naturelle de la Jamaïque , Vol. 2, *page 34 & fuiv.*

(4) On peut voir dans le Dictionnaire de Chimie, par M. Macquer, de l'Académie des Sciences, au mot *Bleu de Pruffe* , la maniere de phlogiftiquer l'alkali, & les métamorphofes que produit le phlogiftique.

moins

moins très-propres à aider l'Art dans cet objet. Car, indépendamment de ce qu'on pourroit dire à ce sujet touchant la colle de poisson dont on se sert pour clarifier le vin, & de l'analogie de cette colle avec les autres mucilages, d'où on pourroit inférer une égalité d'effets de la part de ceux-ci, pour la clarification des liqueurs végétales qui viennent de subir la fermentation ardente ; des personnes dignes de foi (1), m'ont encore assuré que de jeunes branches de Bois-canon (2), concassées puis battues dans une terrine remplie d'eau avec quelques racines de Sénapou (3), pareillement concassées, forment un mucilage qui a la propriété de faire caler ou déposer en très-peu de temps toutes les parties de l'extrait que le battage a réunies sous la forme de grain ; mais, comme on vient de le dire, il faut toujours qu'un battage convenable précède l'addition de la liqueur combinée du Bois-canon & du Sénapou, & qu'on la mêle ensuite pendant quelque temps avec celle de l'extrait de l'Indigo pour en obtenir sur le champ le résidu ; après cette opération, la liqueur qui le surnage, quoique colorée en jaune devient très-claire, & c'est le temps où il convient de l'écouler pour retirer la fécule qui reste au fond du vaisseau.

Les personnes de qui je tiens ce procédé, dont ils n'ont point suivi les détails, n'ont pu me dire la quantité de Bois-canon & de racine de Sénapou qu'on doit employer pour clarifier une cuve ; mais il entre toujours dans cette composition beaucoup plus du premier que du dernier ; au reste deux ou trois expériences faites sur de petites quantités, suffisent pour mettre un Indigotier au fait de la dose, qui n'exige pas une extrême précision. Nous indiquerons par la suite les occasions où il seroit le plus à propos d'en faire usage ; parce qu'à la rigueur on peut s'en passer, & qu'on fait tous les jours de l'Indigo sans cet ingrédient.

La question sur la découverte du véritable précipitant, reste donc indécise ; mais il y a tout lieu de croire qu'un habile Chimiste parviendroit à la résoudre, s'il étoit secondé dans une opération si intéressante pour tous les Indigotiers.

Les éclaircissements que fournissent la théorie & la pratique, sur les objets dont nous avons parlé ci-devant, font, que la fermentation est absolument nécessaire au développement de tous les principes de l'Indigo :

---

(1) M. Des Roses, le cadet, Officier des Troupes Nationales à Cayenne, & un Missionnaire de cette Colonie, qui ne m'a pas permis de le citer.

(2) L'arbre qui porte ce nom à Cayenne, s'appelle à Saint-Domingue *Bois-trompette.* Quand cet arbre, qui devient fort haut, a acquis une certaine grandeur, il est tout creux, & on en fait assez souvent des dales en le fendant sur sa longueur. Le charbon de ce bois est très-léger & propre aux feux d'artifice. Quelques réflexions nous font penser que les gousses de Gombeau, dont la décoction forme une substance extrême-

ment filante & approchante du mucilage du Bois-canon, pourroient, à son défaut, lui être substituées.

(3) Espece de petit arbrisseau qui porte à Saint-Domingue le nom de *Bois à enivrer.* La consistance & la substance de sa racine ressemblent à celles de la Guimauve ; quand on s'en frotte les dents, elle produit avec la salive une espece d'écume ; son goût approche du Cresson de fontaine, mais il est bien plus stimulant, & j'ai souvent éprouvé qu'il excitoit une longue salivation. On se sert généralement à l'Amérique de cette racine pour enivrer le poisson.

Que plus elle eſt violente, plus l'abondance de ſes eſprits forme d'obſtacles à la prompte réduction de ſes principes en grain :

Que l'objet eſſentiel du battage, eſt de favoriſer & d'accélérer l'évaporation de ces eſprits, afin de faciliter l'aggrégation des molécules du grain :

Et qu'enfin le paſſage de l'extrait de l'état ſpiritueux à l'état acide & putride, avant la formation ou la liaiſon complette du grain, eſt la cauſe principale de toutes les variétés du battage.

Nous allons maintenant rendre compte du plan & de l'ordre du reſte de cet Ouvrage, qui n'a plus pour objet que la Fabrique de l'Indigo proprement dit, tel qu'il ſe fait dans nos Iſles de l'Amérique, & particuliérement à Saint-Domingue. C'eſt ce qui va faire la matiere du ſecond & du troiſieme Livre.

Dans le ſecond, j'expoſerai la fabrique de l'Indigo, & je parlerai de la Plante qui le produit. Dans le troiſieme, j'examinerai la théorie de cette fabrique.

Dans le premier Chapitre du ſecond Livre, j'ai renfermé tout ce qui a rapport à la conſtruction & fabrique des bâtiments, des vaiſſeaux & uſtenſiles néceſſaires à une Indigoterie, parce que ce travail précede tous les autres, & afin qu'on ne ſoit plus dans le cas de perdre de vue les opérations ſuivantes, qui ont une liaiſon intime entr'elles.

Le ſecond Chapitre s'étend ſur les différentes eſpeces & qualités d'Indigoferes, connus dans nos Iſles, & ſur les accidents auxquels chaque eſpece eſt particuliérement ſujette, depuis la plantation de ſa graine juſqu'à ſa récolte.

La nature & l'expoſition du terrein le plus favorable à l'Indigo, ſa culture & la maniere de l'arroſer, font le ſujet du troiſieme.

Le quatrieme expoſe la qualité des eaux les plus propres à ſa fabrique, avec les préparatifs & la deſcription générale de la fermentation & du battage. Ce Chapitre eſt terminé par une inſtruction générale ſur l'économie & l'exploitation d'une habitation à Indigo.

Le troiſieme Livre renferme deux Chapitres. Le premier a pour objet eſſentiel la fermentation de l'herbe, & le ſecond traite directement du battage ou manipulation de l'extrait. Nous avons placé à la fin de cet Ouvrage, un Tableau des qualités & des prix de l'Indigo. On trouvera enſuite les Planches des figures avec leur explication à côté, & en dernier lieu une Table alphabétique des Matieres.

On me reprochera peut-être les longs détails & les fréquentes digreſſions où je ſuis tombé dans le cours de cet Ouvrage; mais je les ai cru néceſſaires pour conſerver des particularités intéreſſantes, & les progrès d'un Art qui décline tous les jours dans nos Colonies de l'Amérique, & qui ne ſe relévera dans la ſuite que par le prix exceſſif de l'Indigo, occaſionné par la chûte & la diminution de quantité de ſes Fabriques.

Au ſurplus, j'ai puiſé le fond de la pratique de cet Art, dans les meilleurs

Auteurs que j'ai pu connoître ; le refte eft tiré de mes obfervations , pendant une adminiftration de plufieurs années d'une Indigoterie , & des avis qui m'ont été communiqués par d'habiles Indigotiers que j'ai confultés depuis que j'ai entrepris cet Ouvrage , fur lequel j'ai réuni toute mon attention pour le rendre utile à nos Colons , digne du Public , & des fuffrages de l'illuftre Académie à qui j'ai l'honneur de le préfenter.

Fin du Livre premier.

LIVRE SECOND.

CHAPITRE PREMIER.

Des Bâtiments, Vaiſſeaux & Uſtenſiles.

LE terme d'*Indigoterie* ſert à déſigner en général un terrein où l'on cultive l'Indigo avec les Bâtiments, Vaiſſeaux, Negres, & Uſtenſiles propres à ſa Fabrique (1) ; & il s'applique ſpécialement aux cuves de maçonnerie deſtinées à ce travail. Dans ce dernier ſens, chaque Indigoterie eſt un compoſé de trois vaiſſeaux attenans l'un à l'autre, & ſe joignant ordinairement par des murs mitoyens (2). On ſuppoſe ici que les cuves ſont de maçonnerie, quoiqu'on n'ignore pas qu'en certains pays on les fait en bois, ce qui doit néceſſairement occaſionner, dans les diſpoſitions dont nous parlerons ci-après, quelques différences auxquelles le Lecteur & l'Ouvrier ſuppléeront d'eux-mêmes. Ces trois vaiſſeaux ſont diſpoſés par dégrés, de maniere que l'eau verſée dans le premier, tombe par des robinets dans le ſecond, du ſecond dans le troiſieme, & du troiſieme dehors (3).

Le premier de ces vaiſſeaux *A*, *Pl.* 4, *fig.* 5, s'appelle *Trempoire* ou *Pourriture* : c'eſt dans cette cuve qu'on met l'herbe, afin de l'y laiſſer macérer & fermenter.

Le ſecond vaiſſeau *B*, *Pl.* 4, *fig.* 5, ſe nomme *Batterie*, parce que c'eſt dans celui-ci qu'on fait paſſer l'extrait qui a ſubi la fermentation, afin de le battre & de le traiter de la maniere qu'il convient.

Le troiſieme vaiſſeau *C*, *Pl.* 4, *fig.* 5, qui, à proprement parler, ne forme qu'une eſpece d'enclos, s'appelle *Repoſoir*; le fond de ce vaiſſeau préſente dans ſa plus grande partie un plan, & vers un des côtés de ce plan, un petit baſſin *K*, *Pl.* 4, *fig.* 4 & 5, appellé *Baſſinot* ou *Diablotin*.

Le Diablotin ou Baſſinot, creuſé dans le plan du Repoſoir, eſt un petit vaiſſeau particulier deſtiné à recevoir la fécule ſortant de la Batterie. Il doit être pratiqué au-deſſous du niveau du fond de ce plan, & de maniere à toucher le mur de la *Batterie*. On le place ordinairement droit au milieu de ce côté, & quelquefois dans une des encoignures, mais toujours du côté de la Batterie. Il eſt muni d'un petit rebord, afin d'empêcher l'eau, qui pourroit ſe trouver ſur le fond du Repoſoir, d'y refluer.

(1) Voyez *Pl.* 6.
(2) Voyez *Pl.* 4, *fig.* 1, 4 & 5.
(3) Voyez *Pl.* 4, *fig.* 5. *A*, *B*, *C*.

Ce

Ce que nous venons de dire ici touchant l'aſſemblage de ces trois vaiſſeaux, n'a rapport qu'aux Indigoteries ſimples ou détachées les unes des autres; car lorſqu'il convient d'établir pluſieurs Pourritures enſemble, on diminue de moitié le nombre des Batteries, & conſéquemment celui des Diablotins. On trouvera dans le plan des Indigoteries compoſées, toutes les diſpoſitions relatives à cette économie (1).

Le fond de ces trois grands vaiſſeaux eſt plat, avec une pente d'environ 2 à 3 pouces, pour faciliter l'écoulement des uns vers les autres.

Le fond du Diablotin K, *Pl.* 4, *fig.* 4 & 5, préſente une figure concave, dont le contour eſt rond ou ovale. On avertit qu'il doit encore ſe trouver dans le fond même du Diablotin, une autre petite foſſette P, ou forme ronde reſſemblante à celle d'un chapeau; c'eſt dans cette eſpece de forme ou foſſette, que l'on acheve de puiſer, avec un côté de calbaſſe, le reſte de la fécule qui y deſcend naturellement.

Le premier vaiſſeau A, *Pl.* 4, *fig.* 5, doit avoir au moins une bonde X, avec ſon robinet ou daleau E, de trois pouces de diametre, le tout ſuivant la grandeur de la cuve.

Le ſecond vaiſſeau B, *Pl.* 4, *fig.* 5, préſente une bonde F, perpendiculaire au Baſſinot, avec trois robinets ou daleaux d'environ 3 pouces de diametre. Ces robinets ſont élevés de 4 pouces les uns au-deſſus des autres : les deux premiers ſervent à écouler en deux repriſes l'eau qui ſurnage la fécule après le battage.

Le troiſieme daleau, qui eſt néceſſairement perpendiculaire au Diablotin, eſt deſtiné à l'écoulement de la fécule dépoſée au fond de la Batterie, au niveau duquel il doit être & même tant ſoit peu plus bas.

Le plan du fond du troiſieme grand vaiſſeau C, *Pl.* 4, *fig.* 5, au lieu de bonde, a une ouverture Q, au bas du mur, d'environ 6 pouces en quarré, toujours libre, qui répond au canal de décharge, nommé *la vuide.*

Le Diablotin K, & la petite forme P, qui ſe trouvent enclavés dans le troiſieme vaiſſeau C, *Pl.* 4, *fig.* 5, n'ont beſoin d'aucune iſſue, puiſqu'on en retire toute la fécule juſqu'au ſec par leur ouverture.

Les bondes X ſont de bois incorruptible, équarries & placées dans le courant de la maçonnerie, à la demande de l'écoulement de chaque vaiſſeau. Ces bondes ſont percées ſelon leur longueur pour former les daleaux; la hauteur & la largeur de chaque piece, ſont proportionnées à la quantité & à la largeur des trous qu'on y fait, & leur longueur ſe meſure ſur l'épaiſſeur du mur où elle eſt placée, obſervant que les deux bouts ſe trouvent de niveau aux deux côtés du mur. Les chevilles avec leſquelles on bouche les daleaux ſont rondes, & de même bois que les bondes.

Les habitations où l'on fabrique l'Indigo ont, ſuivant leur étendue, pluſieurs

(1) Voyez *fig.* 1, Pl. 7.

corps de maçonnerie femblables, proches ou éloignés les uns des autres, pour la commodité de l'exploitation, & alors on les défigne quelquefois par le terme de *pourriture* ou d'*équipage*, au lieu d'Indigoterie.

La Planche 7, figure 1, repréfente plufieurs de ces équipages réunis ; & l'on voit que par leur affemblage on peut diminuer de moitié le nombre des Batteries & des Diablotins.

Lorfqu'on a deffein de conftruire une Indigoterie en quelqu'endroit, on doit examiner avant toutes chofes, s'il eft poffible d'y amener l'eau de quelque riviere ou de quelque ravine pour remplir les cuves ; car, fi on eft privé de cet avantage, il faut indifpenfablement creufer aux environs du lieu où l'on fe propofe de former cet établiffement, un puits *fig. 2*, *Pl. 4*, fans l'eau duquel les plus beaux ouvrages deviendroient inutiles. Quand on eft fûr d'en avoir, de quelque façon que ce foit, on peut alors commencer le travail des Indigoteries, en obfervant les regles fuivantes :

On établit les Indigoteries fur quelque butte ou élévation naturelle ou artificielle fuffifante à un écoulement qui ne foit fujet à aucun reflux. Mais on eft quelquefois obligé de les placer fort bas, quand on eft à portée de profiter des eaux d'une riviere ou d'un ruiffeau pour remplir la Trempoire. Il fuffit que la Batterie ait un débouché au-deffus du niveau des eaux voifines, obfervé dans la faifon des pluies, afin que l'écoulement en foit toujours affuré.

On donne au premier vaiffeau, ou la forme d'un quarré parfait, ou celle d'un quarré un peu oblong ; mais quelle que foit cette figure, les bords & la profondeur en font toujours de la maniere fuivante. Voici les regles qu'on obferve à l'égard des Trempoires dont l'ouverture préfente un quarré élongé.

Si la longueur du premier vaiffeau *A*, eft de dix pieds, fa largeur eft de 9, & fa profondeur de 3 pieds, y compris un petit talus *R*, haut d'environ 6 pouces, dont la pente toute intérieure forme comme une efpece de rebord à la cuve.

Lorfque fa longueur eft de 12 pieds, fa largeur eft de 10 fur la même profondeur, & le refte de la même façon. Quand fa longueur eft de 18 à 20 pieds, on lui donne 16 à 18 pieds de largeur, fur 3 & demi & même 4 pieds de profondeur. Cette derniere proportion paroît fur-tout convenable à ceux qui portent jufqu'à 20 pieds quarrés en tous fens, obfervant toujours la même façon que nous avons dite à l'égard des bords ; mais il eft dangereux de faire ces vaiffeaux trop grands, parce que la fermentation ne peut y être fi prompte ni fi égale que dans ceux qui font d'une médiocre étendue, & que le produit d'une grande cuve eft de beaucoup inférieur à celui de deux autres qui contiendroient enfemble la même quantité d'herbe : auffi l'ufage eft-il en général de fe borner à celles qui contiennent quarante charges ou paquets d'herbe, ce qui revient à la capacité de la cuve dont nous avons donné les premieres proportions ; ou à celles qui ont 10 pieds tant en longueur qu'en largeur, & qui peuvent contenir 50 charges de Negres.

Comme l'Indigo bâtard occupe beaucoup plus de place dans la cuve, pour les raisons qu'on verra dans la suite, & rend beaucoup moins de fécule que l'Indigo franc, on met celui-ci dans les plus petites cuves, & on se sert des plus grandes pour le bâtard.

Quoique l'étendue du second vaisseau *B*, *Pl.* 4, *fig.* 4 & 5, n'influe pas sur la quantité & sur la qualité de l'Indigo, il est cependant nécessaire, pour la manipulation du battage, d'en resserrer les bornes & d'en relever considérablement les bords ; mais pour le construire convenablement, il faut avoir égard à deux points très-essentiels à sa parfaite exécution.

Le premier, est d'observer le niveau du fond *S*, *Pl.* 4, *fig.* 4 & 5, de la Trempoire *A*, qu'on est quelquefois obligé de tenir fort bas, pour en faciliter le remplissage.

Le second, est d'examiner si, à trois pieds ou à trois pieds & demi plus bas que le niveau du fond de la Trempoire, on peut placer le fond *T*, *Pl.* 4, *fig.* 5, de la Batterie, de maniere qu'elle ait un écoulement de six pouces au-dessus du plan *V* du Repofoir ; & que le Repofoir ait une décharge convenable dans quelque fosse ou marre voisine : car, s'il n'étoit pas possible de remplir ces conditions préalables, il faudroit élever le fond de la Trempoire jusqu'à ce qu'on pût les accomplir. Lorsqu'on est sûr de pouvoir les observer, on peut alors déterminer l'étendue de la Batterie qui doit toujours être plus longue d'un, deux ou trois pieds dans un sens que dans l'autre ; mais cette étendue ne peut se régler que d'après le calcul de la quantité de pieds cubes d'eau que doit contenir la Trempoire lorsqu'elle est remplie d'herbe, & que l'eau est à six pouces de ses bords. C'est pourquoi il faut d'abord multiplier la quantité des pieds de sa longueur, par celle de sa largeur, & multiplier ensuite le produit de ces deux grandeurs, par le nombre des pieds de sa hauteur, sans y comprendre les rebords qui sont de six pouces. Lorsqu'on a fait cette seconde multiplication & tiré son produit, on en souftrait la troisieme partie pour la place que l'herbe occupe dans ce vaisseau ; ce qui reste après la souftraction, égale la quantité de pieds cubes d'eau que doit recevoir le bassin de la Batterie, auquel il faut donner une telle proportion que sa longueur multipliée par sa largeur donne un produit, qui étant multiplié par trois pieds ou trois pieds & demi de profondeur, forme une quantité de capacité égale à la quantité du volume d'eau, trouvée au calcul de la Trempoire.

Il faut supposer qu'on éleve ensuite sur les murs *Y*, *Pl.* 4, *fig.* 5, du bassin de la Batterie, une maçonnerie de deux pieds de haut, pour servir de rebord à ce vaisseau, ce qui lui donne en tout 5 à 5 pieds & demi de hauteur, sur-tout quand on se sert de Negres & de buquets pour battre la Cuve ; car on diminue les bords de six pouces lorsqu'on fait mouvoir les buquets par un moulin.

On obfervera ici que le côté le plus étroit de la Batterie fe trouve toujours en face de la Trempoire, à moins qu'on ne foit dans le cas de faire battre plufieurs vaiffeaux à la fois par des moulins à l'eau ou à mulets, ce qui néceffite alors une direction toute oppofée, comme *BB*, *fig.* 1, *Pl.* 7.

Les bords de la Trempoire forment, comme nous avons dit, une pente inté- rieure, au quart d'équerre, d'environ fix pouces. Les bords du fecond vaiffeau ont aufli une petite pente, mais elle eft moins forte vers le dedans; ceux du Repofoir font plats. Ce troifieme vaiffeau n'a pas une étendue déterminée, néanmoins le mur qui lui eft mitoyen avec la Batterie, fert ordinairement de mefure à fa lon- gueur, pour ce côté là & celui qui le regarde en face; 6 ou 7 pieds fuffifent pour chacun des deux autres côtés de fa largeur.

Le Diablotin ou le Baffinot *K*, *fig.* 4, *Pl.* 4, un peu échancré du côté qu'il touche au mur de la Batterie, eft profond de deux pieds y compris la forme ou foffette *P*, & large de deux pieds & demi & même plus, fuivant la grandeur des premiers vaiffeaux. La foffette peut porter 5 à 6 pouces de diametre & autant de creux.

La hauteur des murs contournants du troifieme vaiffeau *C*, *fig.* 4, *Pl.* 4, qui vont fe réunir au mur mitoyen de la Batterie *B*, eft d'environ trois pieds & demi à quatre pieds, en comptant le fond *V* du Repofoir *C*, *fig.* 5, *Pl.* 4, à 6 pouces au-deffous du dernier robinet de la Batterie. On pratique vers un des coins du Repofoir & du côté du mur mitoyen de la Batterie, qui lui fert d'ap- pui, un petit efcalier *L*, *fig.* 1, *Pl.* 4, pour y defcendre & en fortir à vo- lonté.

La maçonnerie de ces vaiffeaux & fur-tout du premier, doit être faite avec beaucoup de précaution & toute la folidité poffible, pour être parfaitement étanche & réfifter aux violents efforts de la fermentation; c'eft pourquoi on en prépare les fondements par un maffif de roches féches, bien garnies & pilonées, avant d'en maçonner le fond & les murs qui lui fervent de revêtement. On donne au mur de ce premier vaiffeau 15, 20, & même 24 pouces d'épaiffeur, fur-tout lorfqu'il a vingt pieds quarrés; 12 à 15 pouces fuffifent à l'épaiffeur des autres vaiffeaux; mais on doit toujours en travailler le fond & tout ce qui eft ca- ché fous terre avec grande attention, de crainte que les fources voifines, ou les eaux qui proviennent de l'égout des terres, ne s'y infinuent. On n'emploie d'or- dinaire à la liaifon de ces fortes d'ouvrages, qu'un mortier de fable & de chaux, quoique dans les quartiers où elle eft extrémement rare ou chere, on fe ferve avec fuccès de terre graffe pour les ouvrages qui font expofés en plein air; mais on en recrépit toujours l'extérieur avec de bon mortier à chaux & à fable, & l'intérieur avec du ciment fait comme nous allons dire.

Lorfque toute la maçonnerie eft bien féche, on fait un ciment compofé de chaux & de briques pilées & paffées au tamis, dont on enduit exactement tout l'intérieur & les bords des vaiffeaux; on a foin de polir l'ouvrage à mefure qu'il
féche,

féche, avec des truelles fines, & enfuite avec des cacones dont l'écorce eft très-dure & très-polie, ou avec des galets de riviere ; ce qui demande l'application de plufieurs Negres enfemble pour preffer le ciment à mefure qu'il feche, & l'empêcher de laiffer des gerçures.

Comme il ne faut qu'une fente très-médiocre pour faire écouler une cuve toute chargée, on doit prendre, fitôt qu'on s'en apperçoit, des coquilles de mer de quelque efpeces qu'elles foient, & les piler fans les faire cuire ; on les réduit en poudre, & on les paffe par le tamis. On prend enfuite de la chaux vive auffi paffée au tamis ; on mêle ces deux parties enfemble, & on les délaye avec autant d'eau qu'il en faut pour en compofer un mortier ferme, dont on remplit en diligence la fente de la cuve ; il en arrête fur le champ l'écoulement. D'autres réparent les fentes des Indigoteries de la maniere fuivante : On ouvre & on élargit intérieurement la fente en forme de rigole évafée, & de la profondeur de fept à huit pouces depuis le haut jufqu'en bas. On gratte les bords des petites fentes qu'on ne juge pas à propos d'ouvrir, comme le refte, & on en remplit le vuide avec un ciment compofé de parties égales de chaux vive, de brique pilée & ta-mifée, & de mâche-fer réduit en poudre, le tout délayé avec le moins d'eau qu'il eft poffible.

On prépare à l'Ifle de France un maftic dont voici la compofition. On fait dif-foudre des coquilles de mer dans du jus de citron ; on tire le réfidu prove-nant de cette diffolution, & on le mêle avec des blancs d'œufs pour en faire le maftic avec lequel on bouche parfaitement les fentes des Indigoteries.

Le renom du ciment de la Chine, appellé *Sarangoufti*, nous engage à joindre fa recette à toutes les précédentes, quoiqu'on n'ait pu nous en donner les pro-portions. Ce ciment fe fait avec du Brai fec, de l'huile de Cocos, qui peut fe remplacer par de l'huile de Noix fécative, & de la chaux vive tamifée. On com-pofe de ces trois parties une pâte que l'on bat fur un billot à coups de maffe, jufqu'à ce qu'elle devienne filante, maniable & propre à en faire ce qu'on juge à propos. Cette pâte devient extrémement dure dans l'eau, & blanchit comme la porcelaine, ce qui fait qu'on s'en fert auffi pour recoller les vafes de cette efpece.

Ceux qui n'ont pas le temps ou la commodité de compofer ces maftics, peuvent fe fervir du ciment ordinaire, qui étant bien fin, un peu clair & appli-qué convenablement, produit le même effet.

On doit outre cela avoir attention d'entretenir toujours une certaine quantité d'eau dans les vaiffeaux qui doivent refter quelque temps en repos, afin que la chaleur exceffive n'y occafionne pas de femblables dommages.

Lorfque ces travaux font finis, on dreffe, avec quelques fourches plantées en terre, un ajoupa ou efpece d'appenti fur le Repofoir, pour mettre l'Indigo fou-tiré, & les Negres à l'abri. Quelques habitants font cet ajoupa affez grand pour couvrir auffi la Batterie & même la Trempoire.

Indigotier. M

Il est constant qu'il seroit très-avantageux d'avoir ce dernier vaisseau à l'abri d'une pluie continuelle ou d'un violent orage ; car la fraîcheur & l'abondance de ces eaux retardent la fermentation & troublent les indices qui servent à en faire connoître le juste dégré ; d'ailleurs il n'est pas bien décidé que le trop grand air & l'extrême chaleur occasionnée par les rayons du soleil, soient les moyens les plus prompts pour exciter la fermentation ; ainsi on s'abstient de blâmer aucun de ces usages, qui ne paroissent pas occasionner une différence bien sensible sur la qualité de l'Indigo ; ce qui est cause que la plupart regardent cette couverture comme inutile sur la Pourriture. Il faut seulement avoir attention, quand on travaille à découvert dans un temps de pluie, de ne pas mettre tout-à-fait la même quantité d'eau dans la cuve.

Comme il est absolument nécessaire d'empêcher la trop grande dilatation de l'herbe dans la Trempoire ou Pourriture _A_, _fig._ 1 & 4, _Pl._ 4, dont elle surmonteroit bientôt les bords, on plante à la profondeur de trois pieds en terre, quatre poteaux _D_, _fig._ 1 & 4, _Pl._ 4, de bois incorruptible, vers les quatre coins extérieurs du travers de la longueur de cette cuve ; savoir, deux d'un côté & deux de l'autre, vis-à-vis le quart de la longueur du vaisseau. Ces poteaux qu'on appelle les _Clefs_, s'élevant hors de terre à la hauteur d'un pied six pouces au-dessus des bords de la Pourriture, présentent chacun vers leur extrémité, une mortaise de six pouces de large & longue de dix. Ces mortaises sont destinées à recevoir des barres _G_, _fig._ 1 & 3, _Pl._ 4, ou soliveaux qui passent directement d'une clef à l'autre par-dessus toute la largeur de la trempoire, & en même temps les coins ou coussinets par lesquels on assujétit les barres dans les mortaises. Les barres de ces clefs sont équarries de six pouces sur les quatre faces, & quelquefois de six sur huit.

Lorsqu'on a chargé la cuve, ou que l'herbe y est embarquée, on couche par-dessus & selon la longueur de la cuve, des palissades ou planches _I_, _fig._ 4, _Pl._ 4, de Palmiste tout près les unes des autres, & sur leur travers deux ou trois chevrons _H_. Les traverses ou chevrons qui appuient sur ces palissades, sont des pieces de bois équarries de six pouces sur les quatre faces ; on les assujétit en cet état par le moyen des coins ou étançons posés entr'elles & les barres des clefs.

La partie des poteaux ou clefs cachée en terre, doit avoir environ un pied & demi de diametre ; celle qui est dehors & qui surpasse la cuve d'un pied & demi, doit avoir dix à douze pouces d'équarrissage, afin de supporter le travail & l'ouverture des mortaises qui doivent être proportionnées aux barres dont nous avons parlé ci-dessus.

Trois fourches _N_, _fig._ 1, _Pl._ 4, ou courbes de bois plantées en triangle des deux côtés de la Batterie ; savoir, deux d'un côté & un au milieu de l'autre bord, servent de chandeliers ou d'appui au jeu des Buquets _O M_, _fig._ 1, _Pl._ 4, employés à battre & agiter l'eau de cette cuve. Il y a des quartiers où l'on bat avec quatre buquets, & où par conséquent on met deux fourches d'un côté & deux de l'autre, mais toujours dans une position alternative, comme les trois dont nous venons de parler.

Le buquet est un instrument composé d'un caisson M, *fig.* 1, *Pl.* 4, sans fond, uni à un manche O. Ce caisson est formé de l'assemblage de quatre morceaux de fortes planches. Il ressemble à une petite crèche, ou à un pétrin de Boulanger, dont on auroit levé la couverture & le fond; ainsi l'ouverture supérieure en est beaucoup plus large que l'inférieure; mais les deux bouts de ce caisson sont perpendiculaires ou verticaux, c'est-à-dire, qu'ils ne s'évasent point du tout. La longueur du buquet est de douze à quinze pouces; sa largeur supérieure de neuf à dix pouces; l'ouverture inférieure est de trois à quatre pouces, & sa profondeur de neuf à dix pouces. Au reste, ces mesures sont fort arbitraires. Pour l'emmancher, il faut faire une mortaise droite au milieu d'une des planches qui forme la longueur, & une autre au milieu de la longueur de la planche opposée, mais un peu plus bas que le milieu, c'est-à-dire, qu'il faut approcher cette seconde mortaise du côté où le buquet se ferme. Après quoi on l'ajuste par la première de ces ouvertures, à une gaule de la grosseur du bras, qui de cette maniere le traverse obliquement de part en part. On arrête ensuite le buquet par une clavette qui traverse le bout de la gaule; après quoi on pose cette gaule entre les branches du chandelier N, *fig.* 1, *Pl.* 4, placé à hauteur d'appui, & on l'y assujétit au moyen d'une cheville de fer qui traverse le tout, & laisse au Negre qui en tient le manche, la liberté de plonger & de relever le buquet.

La longueur de la gaule depuis son point d'appui, sur la fourche qui touche le mur de la Batterie, jusqu'au caisson, se regle sur la mesure du travers entier de la Batterie, dont on retranche un pied, afin que le buquet soit franc dans son mouvement, & qu'il n'endommage pas la muraille de ce vaisseau. Il faut que ceux qui battent la cuve avec ces instruments, s'accordent exactement à donner leur coup ensemble, sans quoi l'eau rejaillit de plus de quatre pieds au-dessus du bassin.

On se sert aussi de deux especes de moulins pour battre l'Indigo; les uns se meuvent par l'eau, & les autres par des chevaux. La Planche 7, fig. 2, 7 & 9, représente le plan, la coupe & la perspective d'un moulin à chevaux; & la même Planche, fig. 12, la perspective d'un moulin à l'eau. On a mis l'explication de toutes ces figures à côté des Planches; car le détail de leur méchanisme qui regarde plus l'Art du Charpentier que celui-ci, est trop long pour en donner ici une description complette. Il suffit de savoir que dans les uns comme dans les autres, tout le mouvement se rapporte à un arbre couché sur le travers de la Batterie, lequel étant terminé à chaque bout par un aissieu de fer, roule sur des colets de même matiere, posés sur les deux côtés de la Batterie, & que cet arbre est garni de quatre cuillers assez longues pour que leur caisson se remplisse d'eau en tournant. Ces caissons sont alors fermés par le bas, & ils doivent se séparer de leur manche quand on le juge à propos; parce que si le moulin est fait pour battre plufieurs cuves , il eft inutile de laiffer ces pieces attachées aux arbres qui ne font rien. On trouvera fur chaque Planche une échelle qui indique les proportions de ces moulins. Quelques-uns pour éviter les frais d'un moulin , placent tout fimplement fur le travers de leur Batterie , un arbre garni de palettes , *fig.* 11 , *Pl.* 7 , auquel on imprime un mouvement de rotation par le moyen de deux manivelles fixées à fes deux aiffieux. On peut encore confulter , au fujet de ces fortes d'ouvrages , le méchanifme du rouleau des Indiens , *fig.* 7 , *Pl.* 5 , décrit au Chapitre des Fabriques de l'Afie , & qui paroît très-bien imaginé.

Comme la fécule , en tombant dans le Diablotin *K* , *fig.* 4 , *Pl.* 4 , eft encore remplie de beaucoup d'eau , on la retire de ce vaiffeau pour la mettre à s'égoutter dans des facs d'une bonne toile commune , point trop ferrée.

Ces facs *Z* , *fig.* 1 , *Pl.* 5 , font ordinairement longs d'un pied à un pied & demi , quarrés ou en pointe par le bas , & larges de huit ou neuf pouces en haut. On fait tout près de leur ouverture des œillets ou boutonnieres , & on y paffe des cordons ou lacets courants , par lefquels on les fufpend des deux côtés aux chevilles ou crochets d'un ratelier *U* , *fig.* 1 , *Pl.* 5 , fixé en *U fig.* 1 , 4 & 5 , *Pl.* 4 , aux murs du Repofoir. Quand les facs ne rendent plus d'eau , on renverfe la fécule , qui eft encore molle comme de la vafe épaiffe , dans des caiffes de bois *A* , *fig.* 3 , *Pl.* 5 , pour l'y faire fécher. Ces caiffes font d'un bois léger , longues de trois pieds , larges d'un pied & demi , & profondes de deux pouces.

On expofe ces caiffes *A* , fur des établis *B* , *fig.* 8 , *Pl.* 5 , dont une partie eft à couvert fous un bâtiment *S* , *fig.* 8 , *Pl.* 5 , appellé la *Sécherie* , & l'autre en plein air.

Ces établis font compofés de deux files ou rangées de poteaux de bois , plantés en terre jufqu'à hauteur d'appui , fur le fommet defquels on cloue tout du long des paliffades ou lifteaux de Palmifte , dont on ne marque pas les proportions ; il fuffit qu'ils foient affez forts pour fupporter les caiffes ; mais il eft néceffaire qu'ils foient écartés de deux pieds pour qu'on puiffe aifément paffer entr'eux , & que les extrémités des caiffes ayent un appui d'environ fix pouces de chaque côté.

On ne peut donner ici les proportions de la Sécherie , parce qu'il n'y a aucune regle fixe au fujet de la grandeur de ce bâtiment , qui reffemble à un hangard ou à une grange , dont le devant d'un bout n'auroit pas de clôture. On fait à l'autre bout de la Sécherie , un petit magafin *M* , *fig.* 9 , *Pl.* 5 , pour renfermer l'Indigo lorfqu'il eft entiérement fec ; le refte de ce bâtiment fert d'abri à celui qu'on veut faire fécher lorfqu'il pleut , ou retirer pendant la nuit comme on le fait toujours.

CHAPITRE

CHAPITRE SECOND.

Des especes & différentes qualités de l'Indigo, & des accidents auxquels il eſt ſujet depuis la plantation de ſa graine juſqu'à ſa récolte.

L'Indigofere, l'Anil ou l'Indigo, croît naturellement & ſans culture dans tous les pays qui ſe trouvent deſſous ou près de la Zone-Torride. On en connoît cinq eſpeces dans nos Colonies ; ſavoir, le Maron, ou celui de Savane, le Mary, le Guatimala, le Bâtard & le Franc.

Toutes ces eſpeces ont entr'elles pluſieurs traits de reſſemblance, & il faut quelque étude à un nouveau venu, avant de pouvoir en diſtinguer la différence au premier coup d'œil ; ainſi ſur la deſcription de la derniere, on peut ſe former une idée générale de toutes les autres.

L'Indigo franc de nos Colonies de l'Amérique, *fig.* 1, *Pl.* 8, eſt une plante droite, déliée, garnie de menues branches, qui en s'étendant, forment d'ordinaire une petite touffe. Elle s'éleve juſqu'à trois pieds de hauteur & même beaucoup plus, quand elle ſe trouve en liberté dans un bon terrein, où ſa principale racine, *fig.* 1, *Pl.* 1, commence toujours par pivoter. Cette racine & les autres qui en proviennent peuvent s'étendre juſqu'à 12 à 15 pouces de profondeur ; d'ailleurs elles ſont blanches, ligneuſes, rondes, dures & tortueuſes. Cette plante qui, avec le temps, devient ligneuſe & caſſante, ſe diviſe quelquefois dès le pied, en petites tiges couvertes d'une écorce griſâtre, entremêlée de verd. Ces tiges ſont rondes, ainſi que leur ſouche, qui peut avoir 4 à 5 lignes de diametre, plus ou moins ſuivant le terrein. L'intérieur en eſt blanc ; les branches ſe garniſſent de petites côtes, dont chacune porte juſqu'à huit couples de feuilles, terminées par une ſeule qui en fait l'extrémité. Ses feuilles ſont ovales, tant ſoit peu pointues, unies, douces au toucher, & aſſez ſemblables à celles de la Luzerne ; mais pour la couleur, la figure, la grandeur & la diſpoſition des feuilles ſur leur côte, aucune plante n'approche plus exactement de l'Indigo, que le Galega, appellé en François *Rue de Chevre*, ou que le Trifolium. Le feuillage de l'Indigo répand une odeur douce aſſez pénétrante, mais peu flatteuſe, & qui a quelque léger rapport à celle de la fécule deſſéchée & bien fabriquée. Sa feuille préſente auſſi au goût une ſaveur aſſez approchante de celle de ſa fécule, entremêlée d'une petite amertume piquante, répandue dans tout le reſte de la plante. Les branches ſe chargent de petites fleurs d'un rouge violet très-clair & d'une odeur légere, mais agréable. Ces fleurs ſont aîlées ou papillonacées, compoſées chacune de

INDIGOTIER. N

cinq pétales. Le pétale supérieur est plus large & plus rond que les autres, & profondément dentelé tout autour ; ceux d'en-bas sont plus courts & terminés en pointe avec un pistil au milieu.

A ces fleurs ressemblantes à peu-près à celles de notre Genêt, mais bien plus petites, succedent des siliques roides & cassantes, rondes, grainelées, un peu courbes, d'environ un pouce de longueur, & d'une ligne & demie de diametre. Ces cosses renferment cinq ou six semences ou graines semblables à de petits cylindres d'une ligne de long, luisants, très-durs, & d'un jaune rembruni. Le feuillage de cette espece foisonne plus en fécule, proportion gardée, que celui des autres, & le grain qui la compose est plus gros. Je n'ajouterai point que la Marchandise provenant de l'Indigo franc, est nécessairement plus belle que celle de l'Indigo bâtard ; car de vieux Praticiens soutiennent que la plus brillante qualité, telle que celle du bleu flottant ou du violet, ne dépend point de l'espece de l'herbe, puisque les deux dont il est question, donnent tantôt le bleu ou le violet, tantôt le gorge de pigeon ou le cuivré, &c. mais seulement de certaines circonstances plus aisées à soupçonner qu'à définir au juste, au nombre desquelles on fait concourir la qualité du terrein, la coupe de l'herbe avant sa maturité, l'imperfection de la fermentation & du battage ; quelques-uns y ajoutent la chenille qui ronge l'Indigo, & qu'on met avec l'herbe dans la cuve. Il paroît cependant que le plus ou moins d'onctuosité dans le feuillage, & la maniere de sécher sa fécule, doivent beaucoup contribuer à la légéreté & à la beauté de ces matieres ; on pourroit même soupçonner que la quantité & la qualité de l'huile qu'on répand dans la Batterie, y entrent pour quelque chose.

Au reste, l'Indigo franc se fait avec facilité ; mais le succès de sa plantation est fort douteux. Sa tige tendre & délicate, est exposée en naissant à beaucoup d'accidents : le vent, la pluie, le soleil, tout conspire à sa destruction ; la terre même où il croît semble lui refuser ses secours ; si elle est un peu usée, il languit sur pied, & ne produit que de foibles tiges, qui périssent dès leur naissance. Une des principales causes de sa perte dans le premier mois, est *le brûlage*, c'est-à-dire, l'accident auquel il est sujet, lorsqu'après un grain de pluie, le soleil vient à darder subitement ses rayons sur la terre ; il échauffe tellement l'eau qui n'a point assez pénétré, que cette jeune & foible plante, extrêmement sensible à ses racines, se couche & se fanne comme de l'herbe échaudée.

Il est encore attaqué pendant ce temps, par un insecte qu'on appelle *Ver brûlant* ou *Colleux*. Cet animal, dont la figure est approchante de celle d'une petite Chenille, s'attache à sa sommité & l'enveloppe d'une toile à peu-près semblable à celle de l'Araignée, qui l'étouffe en la privant d'une rosée rafraîchissante, & de la liberté de l'air si nécessaire à la transpiration des végétaux, laquelle se change, dans cette toile, en vapeurs brûlantes, lorsque le soleil vient à donner dessus.

A ces accidents, il faut ajouter le fléau général des Chenilles. On voit quel-

quefois des essains de Papillons , les uns blancs & les autres jaunes , voler de
quartier en quartier , pour déposer leurs œufs dans les jardins à Indigo ; la cha‑
leur y fait éclorre une quantité innombrable de Chenilles, & les fait croître, dans
cette abondante nourriture , si promptement , qu'elles dévorent quelquefois en
moins de quarante-huit heures des chasses entieres d'Indigo. La crainte conti‑
nuelle où l'on est d'un tel accident, est presque toujours accompagnée d'un
danger réel causé par le *Rouleur* , autre espece de Chenille plus grosse que les
dernieres. Ces animaux s'attachent à ronger l'écorce des souches & les bourgeons
à mesure qu'ils repoussent : ces insectes , par un instinct tout particulier , se ca‑
chent sous terre pour éviter les plus fortes chaleurs du jour , & ils en sortent à la
fraîcheur pour travailler de nouveau le reste du jour & la nuit suivante. Ce ma‑
nege , qui dure quelquefois deux mois de suite , fait tellement languir & souf‑
frir les tiges, que plusieurs périssent sans ressource ; après quoi ces insectes se con‑
vertissent en chrysalides pour devenir papillons & habitans de l'air. Ce malheur est
d'autant plus grand , qu'il arrive toujours dans la plus belle saison , & lorsque
l'Indigo rend le plus. Les habitants qui ont des troupeaux de cochons ou de
coqs d'Inde , & qui connoissent leur goût & leur avidité pour les Chenilles ,
les lâchent alors dans leurs jardins , pour diminuer au moins le nombre de ces
ennemis ; mais la chair des coqs d'Inde en contracte un goût si désagréable , qu'il
n'est pas possible d'en servir sur la table , tandis qu'ils en font leur principale
nourriture , & même quelque temps après.

Cet expédient tout utile qu'il puisse être , n'approche cependant pas de celui
qu'on emploie aussi avec le plus grand succès pour détruire la toile dont le Ver
brûlant ou le Colleux enveloppe la sommité de l'Indigo. Il consiste à faire
prendre à chacun des Negres un balai de trois pieds de long, composé de branches
feuillues , & de leur faire passer ce balai sur la tige des jeunes Indigos , dans le
temps où le soleil est dans toute sa force , c'est-à-dire , entre onze heures & midi ,
& où la terre est brûlante , parce que dès que la Chenille est blessée par la vio‑
lente secousse de cette opération , elle tombe sur le sol dont la chaleur la fait
mourir en moins de deux heures. Il en est de même à l'égard des Chenilles qui
remontent sur les souches de l'Indigo dès qu'on vient de le couper, & qui en
rongent toute l'écorce ; mais il faut alors employer des balais plus forts & sans
feuillage, qu'on fait passer sur les souches à tour de bras.

Pour que cette manœuvre ait tout son effet , il faut que de longue main le
terrein soit net & dégarni des mauvaises herbes. Quant à la toile du Ver brûlant ,
on la détruit parfaitement en passant le balai feuillu sur la tige de l'Indigo.

Le Mahoqua est encore un de ses plus dangereux ennemis ; cet animal qui ne
sort jamais de dessous terre , est un gros ver blanc qui devient quelquefois aussi
long & aussi gros que le pouce ; ses mâchoires sont si fortes, qu'il coupe & qu'il
ronge les racines de l'Indigo, ce qui fait qu'il ne tient presque plus à la terre ,
& qu'en tirant dessus on l'arrache aisément. Lorsqu'on reconnoît la cause de sa

langueur & de son dépérissement, on fait fouiller la terre dans les endroits où le mal est le plus considérable, pour découvrir & ramasser ces insectes, dont les Negres ne manquent guere de remplir leurs paniers, qu'ils vont vuider ensuite dans quelque marre ou fossé plein d'eau.

L'Indigo bâtard attire moins tous ces insectes; mais il est sujet à son tour dans la saison avancée, où les pluies & les chaleurs sont fortes, à décharger, c'est-à-dire, à se dépouiller aisément de ses feuilles; d'où il résulte l'obligation de couper beaucoup plus d'herbe pour remplir une cuve, & une perte considérable pour le propriétaire.

Si l'on fait réflexion à tant d'accidents qu'il est impossible de prévenir, on ne sera pas surpris que la plupart des quartiers de Saint-Domingue, où le nombre de ces insectes s'est multiplié plus que par-tout ailleurs, en ayent abandonné la culture, qui les a mis la plupart en état d'établir des Sucreries, dont les revenus sont en effet plus solides. Les Negres mêmes en préferent le travail à tout autre, malgré l'assiduité & les veilles continuelles qu'ils font à tour de rôle auprès des moulins & des chaudieres à Sucre, par rapport aux petits profits qu'ils font sur les sirops qu'on leur distribue tous les Dimanches, & que les autres Negres achetent pour se régaler en en mêlant une certaine quantité avec de l'eau, dont ils font une boisson à laquelle ils donnent le nom de *Rape*. Les quartiers de Saint-Domingue où l'on a vu les Manufactures les plus florissantes en ce genre, sont Aquin, Nippes, les Arcahaix, le Boucassin, les Vases, Mirbalais, les Gonaïves & l'Artibonite, où il s'en trouvoit d'assez considérables pour occuper cinq à six cens Negres. Le Limbé, Port-Margot, Plaisance & Saint-Louis du Port-de-Paix, sont les quartiers de la dépendance du Cap, où il s'en est fait le plus, bien que ce plus fût peu de chose en comparaison des précédentes. Mais la Louisianne commence à en fournir quantité de très-beau: on ne sait ce qui empêche les habitants de Cayenne de s'y adonner avec la même ardeur, le peu d'Indigo qui vient de ce pays étant très-estimé.

L'Indigo bâtard differe de la précédente espece, sur-tout par la supériorité de sa grandeur; il croît par-tout, mais toujours moins haut dans une terre ingrate: sa feuille est plus longue & plus étroite que celle du franc, moins épaisse, d'un verd beaucoup plus clair, un peu plus blanc par le dessous; le revers de cette feuille est garni d'un poil subtil, piquotant, facile à détacher & très-inquiétant pour les Negres qui s'en chargent. Ses siliques plus courbées que celles du franc, sont jaunes, & ses graines noires, luisantes comme de la poudre à feu, & ayant, comme celle de toutes les autres especes, la forme de petits cylindres. Il croît jusqu'à six pieds de hauteur, & même beaucoup plus. S'il est vrai, comme on n'en peut guere douter, que quelques-uns ayent réussi à en tirer parti après qu'il a atteint une extrême grandeur & qu'il a porté fleur & graine, il n'en est pas moins vrai que c'étoit faute de mieux, & que la rareté comme la difficulté du succès, comparées avec les expériences inutilement réitérées par les meilleurs

Indigotiers,

Indigotiers, doivent engager à suivre, autant qu'il est possible, l'usage ordinaire où l'on est de le couper lorsqu'il approche de trois pieds & qu'il entre en fleur, dont l'odeur suave est très-remarquable, & que pressant légérement une poignée de son feuillage, il est assez roide pour se rompre un peu, & faire un petit bruit comme s'il crioit dans la main. Ces deux dernieres remarques de la fleur & du cri, conviennent également à l'Indigo franc comme au bâtard, quelque hauteur qu'ils ayent, & servent en général de regle pour la coupe de l'un & de l'autre. Il y a pourtant des circonstances où il est nécessaire de l'avancer, & d'autres où il faut la différer. L'Indigo se trouve dans le premier cas, lorsque la Chenille est en si excessive quantité, qu'on appréhende qu'elle n'ait tout mangé avant le temps convenable ; mais il rend beaucoup moins, & la marchandise qui en provient est sujette à manquer de liaison, dont le défaut, supposé qu'on réussisse dans le reste de son apprêt, diminue toujours le prix. On se trouve dans l'autre cas, lorsque par une trop grande abondance de pluie l'Indigo a crû tout d'un coup, & qu'il y a apparence de beau temps ; parce que huit jours de temps favorable lui donnent du corps & dissipent les difficultés qui pourroient se présenter à la fermentation ; sans cette précaution il embarrasseroit le plus habile Maître : on se voit même quelquefois contraint par l'excès des pluies, sur-tout dans la premiere saison, de jetter toute une coupe, soit parce que son grain n'ayant point assez de corps, se dissout au buquet, soit parce que ces pluies venant à battre l'Indigo dans son état de maturité, le font décharger ou font tomber toutes ses feuilles, de maniere qu'il ne reste plus que des balais ; alors pour ne pas occuper inutilement les Negres, on fait couper l'herbe sans différer, afin de ne pas retarder la coupe suivante.

La fabrique de l'Indigo bâtard est un peu plus difficile que celle du franc, & le grain de sa fécule n'est pas si gros ; mais on en est bien dédommagé par les avantages que celui-ci n'a pas. Premièrement, l'Indigo bâtard vient par-tout, & en tout temps ; secondement, son herbe est moins sujette aux Insectes, & elle résiste plus long-temps à leur attaque ; les pluies mêmes ne sauroient l'endommager que par un excès d'autant moins commun, que les pays se découvrent & s'habitent de plus en plus. Volume pour volume d'herbe, cet Indigo rend moins à chaque cuve que le franc, parce que son feuillage porte sur de grandes souches qui tiennent beaucoup de place inutile dans la cuve. Mais ce défaut est compensé par l'étendue du terrein & la richesse de ces tiges, dont on coupe & on découvre un bon tiers de moins pour remplir une cuve. Le tout bien calculé, on trouvera que l'un revient bien à l'autre ; & comme il est rare qu'il périsse dans ses commencements, on en plante toujours sans aucun égard à la difficulté de la fabrique, sur-tout dans les vieux terreins, réservant les meilleures terres pour le franc : mais il est très-délicat sur son point de maturité, qu'il faut examiner avec soin, & se bien garder d'en laisser nouer la graine ; car pour lors il est très-difficile à faire ; & si l'Indigotier est assez habile pour y parvenir, il rend si peu, à moins qu'on ne foit dans les plus fortes chaleurs, que la peine paffe le profit. Mais fi on eft exact à le couper à propos, on en fait de l'Indigo magnifique, lorfqu'on porte tous fes foins tant à la fermentation qu'au battage.

Cette efpece d'Indigo eft très-longue à croître; c'eft pourquoi plufieurs préferent le franc, quand le terrein le permet; celui-ci en deux mois, quelquefois fix femaines, peut fe couper. Quant au bâtard, il lui faut plus de trois mois; nonobftant cela on fait quelquefois un mélange de l'un & de l'autre, lorfque l'arrangement des plantations ou des coupes le permet; le rejetton du bâtard ayant cela de commun avec le franc, qu'il pouffe fes rejettons auffi vîte que celui-ci, & que fix femaines après on les coupe & on les joint comme fi les deux efpeces n'en faifoient qu'une. Ce mélange produit un grain ferme & de bonne groffeur, qui facilite l'Indigotier, & lui procure le moyen de conduire la fermentation & le battage du tout à fon plus jufte dégré.

Les habitants de Saint-Domingue ne travaillent que fur l'herbe de l'Indigo franc ou fur celle du bâtard, & la plupart regardent toutes les autres auxquelles on donne différents noms, comme des plantes dégénérées de l'une ou de l'autre de ces deux premieres efpeces. Le peu d'attention qu'on donne ordinairement aux chofes qu'on regarde comme inutiles, a pu contribuer à cette opinion. Mais M. Monnereau, Auteur du parfait Indigotier, qui s'eft fait une étude du nom & des principales différences de ces plantes incultes, y a remarqué des caracteres particuliers qui l'ont engagé à les ranger comme il convient, dans des claffes féparées dont nous allons fuivre l'ordre & la diftinction.

L'Indigo, qu'on appelle à Saint-Domingue *Guatimalo*, eft une efpece qui a tant de reffemblance & de rapport au bâtard, qu'il feroit prefqu'impoffible de les diftinguer l'un de l'autre, fans fes filiques & fa graine colorée de rouge bruni.

Le Guatimalo eft très-difficile à faire, & rend beaucoup moins que le bâtard, ce qui fait qu'il n'eft guere en ufage; mais comme il croît avec les efpeces dont on veut recueillir la graine, & qu'on ne peut la trier, parce que cela demanderoit un temps infini, il s'en trouve toujours de mêlé avec l'autre.

L'Indigo fauvage ou Maron, croît dans les favanes & les terreins incultes ou abandonnés; il reffemble à un petit arbriffeau dont le brin court & touffu eft fort gros, en comparaifon des autres, qui n'ont guere que trois à quatre lignes de diametre au bas des tiges les mieux nourries, le commun étant beaucoup plus petit; les branches du Maron font fouvent adhérentes à fa racine; fes feuilles font plus rondes & plus petites que celles du franc, mais très-minces; on le regarde pour cette raifon comme intraitable ou peu propre à récompenfer l'ouvrier de fon travail. Quelques perfonnes m'ont cependant affuré en avoir tiré de bon Indigo. Mais il y a apparence que l'herbe étoit jeune, & qu'ils n'en avoient pas d'autre pour occuper leurs Negres en ce moment.

L'Indigo Mary a de la reffemblance au franc par fes feuilles, excepté qu'elles foient moins charnues; il s'en trouve rarement. Quelques-uns affurent qu'il rend beaucoup; mais on ne peut conftater cette prétention, puifqu'on ne connoît perfonne qui en fabrique.

Il y a encore une efpece d'Indigo très-différente de toutes les autres, dont les branches s'étendent à plus de fix pieds à la ronde, & dont les coffes ont un pied de long & la figure d'une aiguille à emballer; perfonne, fuivant toute apparence, n'en a fait l'épreuve, puifqu'on ne parle point de fa qualité.

Premier Indigo fauvage de la Jamaïque (1).

La tige de cette plante, *fig.* 2, *Pl.* 8, eft ligneufe & couverte d'une écorce liffe, d'un brun noir, s'élevant à quatre pieds de hauteur, & pouffant par les côtés différentes branches garnies d'une quantité prodigieufe de feuilles aîlées, placées fur des côtes de quatre pouces de longueur, dont un bout eft dégarni; le refte de ladite côte porte des feuilles accouplées vis-à-vis l'une de l'autre à un tiers de pouce de diftance, & une feule à l'extrémité. Chaque paire de feuilles a une petite queue d'un huitieme de pouce de longueur; la feuille a un pouce de long & un demi-pouce de largeur: elle eft unie & de couleur verte, tirant fur le bleu, femblable à celle des feuilles du Sain-foin. De l'aiffelle des feuilles fort une petite tige d'où naît un long épi, autour duquel font placées de très petites fleurs papillonacées partie rouges, partie vertes, d'où naiffent ou pouffent plufieurs gouffes d'environ trois quarts de pouce de long, rondes & de la forme d'une faucille, courbées en dedans de leur tige & contenant quatre pois & quelquefois plus, d'une forme quadrangulaire, dé couleur brune, luifante & de la groffeur de la tête d'une petite épingle; il croît fouvent dans les champs & à l'entour de la ville. Il croît auffi dans les Ifles Caribes.

Second Indigo fauvage de la Jamaïque (2).

Cette plante a une très-petite racine; fa tige eft dure, ronde & verte, s'élevant à trois pieds de hauteur, ayant quelques branches de chaque côté de la cime, dont les feuilles font aîlées, au nombre de fix pour l'ordinaire ou de trois paires placées vis-à-vis l'une de l'autre, & s'élargiffant à leur extrémité à peuprès comme le *Colutea Scorpioides*, *C. B. Pin.* Leur couleur eft d'un verd bleuâtre, & l'odeur très-défagréable. Les fleurs d'un jaune foncé, font compofées de cinq pétales, formées la plupart en aîle de papillon; la feuille pendante fur un petit pied. A ces fleurs fuccede une coffe angulaire & brune de deux pouces de longueur, contenant un rang de petites graines rhomboïdales d'un brun luifant.

(1) Voyages de Han-Sloane à la Jamaïque, & Hiftoire Naturelle de cette Ifle, Vol. 2, Sect. 9, page 37.

(2) Voyages de Han-Sloane à la Jamaïque, & Hiftoire Naturelle de cette Ifle, fol. 48, Vol. 2, Sect. 21.

Cette plante fort avec abondance après la faison des pluies, & les terreins de la Savanne de *Saint-Iago de la Vega*, qui font argileux, en font remplis. Elle pouffe d'abord deux feuilles féminales telles que le font différents légumes.

Rochefort (1) raconte qu'il en croît dans nos Ifles de l'Amérique, une efpece qui n'a pas plus de trois pieds de haut, dont la fleur eft blanchâtre & fans odeur, & auffi une autre dont l'efpece eft femblable à celle qu'on trouve dans l'Ifle de Madagafcar, dont les fleurs font petites, d'un pourpre mêlé de blanc & d'une odeur agréable, laquelle eft vraifemblablement la même que Pifon appelle *Banghets*, dans fon Hiftoire de Madagafcar.

Parmi les habitants qui fabriquent de l'Indigo, il y en a peu qui s'occupent à faire de la graine, c'eft-à-dire, à planter de l'Indigo pour en recueillir la femence. Ces deux efpeces de travaux forment, pour ceux qui s'y appliquent, comme deux états féparés. Mais comme malgré la différence de leurs pratiques, ils ont un rapport effentiel l'un à l'autre, nous nous croyons obligés de rapporter ici tout ce qui eft capable d'inftruire ceux qui voudroient entreprendre le travail de la graine. Les habitants qui s'adonnent à cette culture, fe placent ordinairement dans les Mornes; les uns récoltent la graine du franc, les autres celle du bâtard; quelques-uns font de la graine des deux efpeces, & jamais d'autres. Voici comme on parvient à la récolte du franc: Lorfque le terrein eft préparé, les Negres *A*, *fig. 2*, *Pl. 9*, fouillent avec le coin de leur houe, *fig. 4*, *Pl. 9*, des trous *D*, *fig. 2*, *Pl. 9*, profonds de deux pouces, & diftants l'un de l'autre de 8 pouces, dans lefquels on met 4 ou 5 graines d'Indigo qu'on recouvre avec le pied; on le farcle lorfqu'il a quatre travers de doigt de hauteur, & on réitere enfuite les farclaifons autant qu'il eft befoin. Au bout de quatre mois fa fleur tombe & fait place à fa gouffe; c'eft ainfi qu'on appelle la filique de l'Indigo qu'on laiffe fur pied jufqu'au temps de fa maturité, c'eft-à-dire, jufqu'à ce qu'elle commence à noircir; on coupe alors la plante à deux pouces de terre, & on la porte telle qu'elle eft fur une efpece d'aire ou terrein battu & bien balayé, fur lequel on la laiffe fécher; m ais on la retire de deffus l'aire, & on la met à l'abri quand il pleut; lorfqu'elle eft féche, on l'abat avec un gros & long bâton pour en rompre les gouffes & les détacher de la plante. Quand cet ouvrage eft achevé, on enleve la plante, & on la jette comme inutile, après quoi on ramaffe les gouffes & la graine qui en eft déja féparée, & on conferve l'un & l'autre en tas *F*, *fig. 10*, *Pl. 5*, dans des magafins. Lorfqu'ils ont fini leur récolte & qu'ils en veulent vendre, ils la font piler dans un mortier *C*, *fig. 11*, *Pl. 5*, de bois. Ce mortier eft fait d'un gros rouleau de bois creufé par un bout de la profondeur de deux pieds; fon entrée a un pied de diametre, & elle va toujours en diminuant jufqu'à fon fond, ce qui repréfente en creux la figure d'un pain de fucre renverfé. Le manche ou pilon *D*, *fig. 12*, *Pl. 5*, eft un morceau de bois dur de quatre pieds & demi de longueur, & de la groffeur d'environ

(1) Jardin Indien Malabare, par M. Rhede, Tome I, *page 101 & fuivantes.*

deux

deux pouces & demi de diametre, arrondis par en bas ; lorfqu'on a rempli de goulfes le pilon, on met à l'entour deux ou trois Negres E, *fig.* 13, *Pl.* 5, avec chacun un manche tel qu'on vient de le décrire, & ils la pilent jufqu'à ce que la graine foit féparée de fa goulfe ; après quoi ils la vannent, la nétoient & la mettent enfuite dans des bariques défoncées par un bout ; cette graine fe vend par barils aux habitants Indigotiers. Ces barils font les mêmes que ceux dans lefquels on met la farine qu'on envoie de France à l'Amérique.

Les fouches de l'Indigo poulfent après la coupe, de nouveaux jets qui produifent comme les précédents, & dont on ramalfe la graine comme ci-delfus.

L'Indigo franc coupé de cette façon, peut réfifter environ deux ans ; mais comme il périt toujours quantité de fouches à chaque coupe, on remet l'année fuivante de la graine dans les endroits dégarnis.

La plantation & les farclaifons de l'Indigo bâtard fe font de la même maniere que celles du précédent ; mais fa graine fe ramalfe tout différemment, parce qu'elle ne mûrit jamais tout à la fois, les balfes branches fleurilfant & donnant leurs goulfes bien plutôt que celles d'en haut. Lorfque ces goulfes mûrilfent, elles font d'un rouge noir, ou d'un verd noir, ainfi que celles du franc. Si on la lailfoit trop long-temps fur la branche, elle noirciroit tout-à-fait, & cet excès de maturité endurcilfant trop la graine, la rendroit plus difficile à lever. Lorfqu'on s'apperçoit aux remarques ci-delfus, qu'elle eft bonne à prendre, on fait porter des paniers aux Negres fur le lieu où ils doivent la ramalfer. Lorfqu'ils y font rendus, ils fuivent les pieds d'Indigo l'un après l'autre, & ils en détachent les goulfes qui font mûres, à pleines mains ; car elles viennent par paquets ou floccons de diftance en diftance le long des branches ; ils apportent à midi & le foir leurs paniers qui en font remplis. On expofe cette graine au foleil fur des draps de toile, jufqu'à ce qu'elle foit bien féche ; après quoi on en pile les goulfes ainfi que celles du franc ; on la vanne enfuite, & on la ferre dans des bariques défoncées par un bout. Aulfi-tôt que la cueillette générale des balfes branches eft finie, on travaille à celle des branches fupérieures & de la cime, qui fe fait comme la précédente. Cette feconde cueillette eft à peine terminée, qu'on en recommence une nouvelle fur les premieres branches, où il fe reproduit bien vîte d'autre graine qui a mûri dans cet intervalle, & ainfi de fuite.

Mais comme l'Indigo bâtard végete beaucoup, & qu'il croît jufqu'à 12 pieds de haut dans les bons terreins, ce qui rend la cueillette de fa graine extrêmement difficile, & que la vieillelfe de fa tige pourroit nuire à fon rapport, on a foin de la couper tous les ans à 4 ou 5 pouces de terre, afin que fa fouche donne des rejettons qui produifent la même quantité de graine, dont on fait la récolte beaucoup plus aifément. Cette herbe fe foutient ainfi plufieurs années.

. La graine de l'Indigo franc & celle du bâtard, ont exactement la même figure cylindrique, c'eft-à-dire, ronde fur fa longueur & plate par les deux bouts.

INDIGOTIER. P

La couleur du franc est d'un jaune rembruni tirant un peu sur le verd, quelquefois sur le blanc quand elle n'est pas bien mûre.

La couleur de la graine du bâtard est noire lorsqu'elle est bien mûre, & ce noir tire un peu sur le verd lorsqu'elle l'est moins. La graine du franc est toujours un peu plus grosse que celle du bâtard.

L'Indigo qui vient dans les montagnes, de même que celui qui croît dans les plaines, est sujet à être endommagé par une multitude d'insectes, ainsi que nous l'avons fait voir dans le commencement de ce Chapitre. Mais comme nous n'avons rien dit du tort que la Punaise fait à sa graine, nous allons en parler ici. Le corps de cet insecte qui a plusieurs pieds, est gros comme le bout du petit doigt. Il est de figure ovale depuis la tête jusqu'au derriere, & un peu applati par dessus & par dessous. Il y a des especes qui sont brunes & d'autres noires; mais la plus nombreuse est verte, & toutes sont extrêmement puantes; quand elles sont grosses & vieilles, elles volent par bonds de 20 ou 30 pieds & plus. Cet insecte n'exerce sa malignité que sur la graine de l'Indigo dans le temps qu'elle n'est que formée & encore en lait; elle fait un petit trou à la gousse par lequel elle en suce toute la substance; cela n'empêche pas cette gousse de rester attachée par sa queue à la branche, sans pour ainsi dire changer de couleur, & sans paroître beaucoup différente de celles qui n'ont point été sucées. Mais lorsqu'on vient à la cueillir, on ne trouve plus rien dedans. Il se rencontre des années où ces animaux se multiplient si prodigieusement, qu'on ne ramasse que peu ou point de graine. Lorsqu'on craint un pareil événement, on envoie les Negres à la place, c'est-à-dire, sur le lieu de la plantation, où ils les écrasent sans cérémonie entre les doigts. Il est cependant un autre moyen pour les détruire: c'est de mettre un troupeau de Pintades dans la place, & de les faire garder par des Négrillons & Négrittes, dans le temps que la graine est en lait, & même jusqu'à ce qu'elle soit cueillie; car, quoiqu'elle soit mûre, elles ne laissent pas que d'y faire encore beaucoup de dommage. Les Pintades en sont très-avides & fort adroites à les attraper, même dans leurs bonds, en partant après elles de plein vol & d'un trait à l'instant qu'elles les apperçoivent.

CHAPITRE TROISIEME.

Du Terrein, de la Culture & de la Coupe de l'Indigo.

L e lieu le plus favorable à la plantation de l'Indigo eſt une terre neuve , parce qu'elle eſt ordinairement remplie de ſels propres à la végétation , que les inſectes qui lui font plus de tort , ne s'y font point encore établis , & que les mauvaiſes herbes , pendant près de deux ans , y font peu de progrès. Il arrive cependant quelquefois que le feu qui a paſſé ſur certains terreins nouvellement défrichés , qu'on appelle *degras* , (parce qu'on a l'habitude de brûler en ces pays tout le bois de haute-futaye & autres ſur le lieu même où on l'a abattu ,) & les cendres qui en proviennent en trop grande abondance , forment un obſ-tacle conſidérable à la végétation , ce qui fait que l'Indigo n'y vient pas auſſi épais ni auſſi beau qu'on devroit s'y attendre; mais il ne faut point s'en étonner , parce qu'on eſt amplement dédommagé de ce retard par la ſuite.

Quoiqu'il ſe trouve d'excellents fonds de terre rouge & blanchâtre , il faut cependant convenir qu'on préfere en général à toutes les autres celles qui font noires , légeres , en coſtieres ou en pente douce , parce que cette poſition les préſerve du ſéjour des pluies très-nuiſibles à cette plante , qui ſe flétrit , jaunit & meurt lorſqu'elle ſe trouve ſur un fond de terre plate où l'eau croupit ; c'eſt pourquoi l'on doit avoir attention , quand on eſt dans ce cas , d'élever le milieu des carreaux qui font ſujets à cet inconvénient , & de pratiquer de petites rigoles tout autour qui s'écoulent dans une plus grande , & celle-ci dans un foſſé ; en prenant ces précautions , on peut tirer bon parti des terreins bas & plats ; mais ils ont toujours cela d'incommode , qu'il faut attendre que la ſaiſon des fortes pluies , qui cauſe ſouvent des débordements , ſoit paſſée avant de planter ; car une inon-dation capable de couvrir l'Indigo pendant cinq ou ſix heures , ſuffit pour le faire périr , par le limon qu'elle dépoſe ſur ſes feuilles. D'ailleurs , la trop grande humidité & la chaleur font pourrir la graine ou végéter avec elle une quantité prodigieuſe de mauvaiſes herbes qui étouffent la jeune plante , ſans qu'on puiſſe y porter les ſecours des ſarclaiſons , qui font impraticables dans un terrein trop mol.

La délicateſſe de cette plante exige en outre toujours beaucoup de propreté & de ménagement ; c'eſt pourquoi on débarraſſe , autant qu'il eſt poſſible , le terrein qu'on lui deſtine , de toutes les pierres qui pourroient la gêner , & de toutes les mauvaiſes herbes , comme les deux eſpeces de *Mal-nommées* , grande & petite , le *Pourpier ſauvage* , dont les feuilles ont en ce pays la vertu répro-ductive ou végétative ; le *Chiendent* , l'*Herbe à balai & celle à Bled* , l'*Herbe à Calalou* , le *Pied de poule* , & autres qui affectent ſinguliérement ſa compagnie ;

on rencontre auſſi ſouvent dans les terreins à Indigo , d'excellentes truffles blanches , remarquables par quantité de petits filaments blancs étendus en rond &
adhérens à la ſuperficie de la terre dont elles ſont couvertes. Cette plante profite cependant très-bien dans des terreins remplis de petite rocaille blanche ,
qu'on appelle *Roche à chaux* , parce que cette terre eſt ordinairement très-lé-
gere & pleine des ſels fertiles de cette roche qui y entretient la fraîcheur. Mais
en général on tâche de nétoyer & d'unir même les terreins défectueux autant
qu'il eſt poſſible ; cette grace contribue toujours à l'avancement de la plante &
au ſoulagement de ceux qui la cultivent. Comme l'Indigo n'aquiert toute ſa
grandeur & ſa qualité qu'à l'aide des pluies douces & des grandes chaleurs ,
l'air tempéré , les quartiers pluvieux , les terreins trop frais & ombragés lui
conviennent peu. Ainſi la méthode de le planter entre les jeunes Cafés lui eſt
très-préjudiciable. On ne peut le cultiver long-temps ſur les hauteurs , à moins
qu'il ne s'y trouve des platons , parce que les pluies dégradent la terre meuble
de la ſuperficie , qui eſt toujours la meilleure , laquelle étant emportée , ne préſente plus qu'un ſol aride & rempli de pierres.

Les habitants dont les terreins ſont ſujets à ſe reſſentir des pluies que la fraîcheur de l'Automne amene , & qui ne veulent pas riſquer leur graine en cette
ſaiſon , commencent à planter leur Indigo à la fin de Décembre , & peuvent continuer juſqu'au mois de Mai. Cette derniere plantation eſt même la plus favorable , n'étant pas ſi ſujette au brûlage ; mais comme la ſaiſon eſt trop avancée dans
ce dernier temps , elle ne produit que deux ou trois coupes , après quoi l'arriere-
ſaiſon arrivant , la plupart des ſouches meurent d'épuiſement ; mais on coupe
juſqu'à cinq fois celui qui eſt planté dès le commencement de Novembre. L'u-
ſage veut qu'on diſe *planter* , & non pas *ſemer* ; en effet , au lieu de jetter la
graine à l'aventure , on la répand avec meſure dans chaque trou *D , fig. 2, Pl. 9* ,
fait exprès avec la houe : mais auparavant il faut arracher avec cet inſtrument les
vieilles ſouches ; après quoi on les raſſemble avec le rabot ou un rateau ſans
dents , *fig. 8 , Pl. 9* , & on y met le feu. On retravaille enſuite à fond tout ce
terrein avec la houe , qui doit y entrer d'un demi-pied.

La houe , *fig. 4 , Pl. 9* , eſt un inſtrument à peu-près ſemblable à celui dont
les Maçons ſe ſervent pour gâcher leur mortier , à l'exception que le fer en eſt
plus large. Quelques-uns prétendent que la pelle ou bêche eſt d'un uſage bien
ſupérieur à la houe ; d'autres s'eſtiment heureux d'avoir pu accoutumer leurs Negres à travailler la terre avec la charrue. Il eſt de fait que la beauté de l'herbe
dépend en grande partie de la profondeur de la fouille des terres ; on doit cependant avertir qu'une plantation faite dans une terre trop ameublie par le labour
ou par le rapport des terres dépoſées par les pluies dans les bas-fonds , eſt ſujette
à pluſieurs inconvéniens ; car il eſt certain que ſi les Negres n'aiguiſent pas bien
les couteaux , *fig. 7 , Pl. 9* , dont ils ſe ſervent pour couper l'Indigo , ils en arra-
cheront une grande partie , ou lui cauſeront un ébranlement mortel ; d'ailleurs

cette

cette vigueur des tiges, remarquable par leur grandeur & leur groffeur, en caufe quelquefois la perte totale, après une premiere coupe très-avantageufe, foit parce que les fibres de leur fouche ont acquis une trop grande folidité ligneufe, foit que l'ardeur du foleil en furprenne les racines accoutumées à un ombrage continuel, foit enfin que la végétation épuifée par un fi grand effort, fe refufe à une nouvelle réproduction.

Au furplus, nous n'époufons aucun fyftême particulier au fujet de l'emploi de ces divers inftruments, étant évident qu'on ne peut, fans la plus groffiere ignorance, affujettir à une même façon tant de terres différentes; il eft cependant conftant que la houe eft celui dont l'ufage eft le plus univerfel.

Outre cette premiere façon dont nous venons de parler, il eft encore indifpenfable de donner enfuite à ce terrein trois ou quatre farclaifons préparatoires, fi on veut le mettre en état de recevoir la graine aux premieres pluies convenables. Si le terrein eft déja un peu ufé ou maigre de fa nature, on répand deffus dès le premier labour, de l'ancien fumier d'Indigo ou autres engrais; les avantages qu'on en retire dédommagent amplement de cette pratique, qui n'eft pas auffi ufitée qu'elle devroit l'être.

On vient de dire qu'il faut arracher les vieilles fouches, quoiqu'on n'ignore pas qu'il pourroit en réfifter une partie jufqu'à la fin de l'année fuivante. On parle ici de l'Indigo bâtard; car l'Indigo franc périt affez communément au bout de l'année. Mais il y en a peu qui ayent recours à cette reffource, qui exige alors un recourage de graine pour remplacer les fouches qui font mortes; auffi préfere-t-on généralement la méthode de replanter tout à neuf. Pour cet effet, on fépare d'avance le terrein par divifions *P, fig.* 1, *Pl.* 6; on partage enfuite d'un bout à l'autre, les quartiers renfermés entre ces divifions, pour former fur toute leur longueur des carreaux ou des planches *Q, fig.* 1, *Pl.* 6, de 13 à 14 pieds de large, auxquelles on donne auffi le nom de *Chaffes.* Lorfqu'on eft fur le point d'en faire la fouille, les Negres *A, fig.* 2, *Pl.* 9, fe rangent fur une même ligne à la tête du terrein tiré de tous côtés au cordeau, & marchant à reculons, ils font de petites foffes *D, fig.* 2, *Pl.* 9, avec le coin du fer de leur inftrument, diftantes de 5 à 6 pouces en tous fens, de la profondeur d'environ deux pouces, & en ligne droite, s'il eft poffible, au point d'où ils font partis; mais les Negres d'un attelier font rarement capables d'obferver cette régularité fi propre à faciliter le farclage. A mefure que les Negres font des trous, les Negreffes *B, fig.* 2, *Pl.* 9, qui tiennent un *Coui* ou côté de calebaffe *C, fig.* 9, *Pl.* 9, plein de graines, y en laiffent tomber 5 à 6, & crainte d'erreur, les recouvrent tout de fuite en paffant le pied par-deffus, ce qui laiffe moins d'incertitude que lorfqu'on les fait recouvrir par d'autres avec le rabot, dont l'expédition eft, à la vérité, plus prompte. Mais de quelque façon qu'on le pratique, il faut toujours avoir attention de faire paffer environ un pouce de terre par-deffus la graine. Cinq ou fix graines fuffifent pour l'Indigo franc, & trois à quatre pour le bâtard. Quand

INDIGOTIER. Q

la terre eft bonne , la diftance des trous, leur profondeur & la quantité des graines qu'on y met, varie d'un quartier & fouvent d'une habitation à l'autre.

Certains habitants , pour économifer leur graine & prévenir la négligence des Negres fur ce point , la font mêler avec de la cendre ou du fable fin ; ce dernier eft le plus commode pour les Négreffes, qui les diftinguent & en féparent mieux le nombre qu'elles jugent à propos de répandre. On emploie ordinairement la moitié des Negres à fouiller les trous, & l'autre moitié à planter la graine.

On ne peut fe difpenfer en ce lieu de parler d'un inftrument ufité en certains quartiers pour aligner & pour accélérer la plantation. Cet inftrument eft un rateau *A* , *fig.* 10, 11 & 12 , *Pl. 9* , armé de 9 à 11 dents *R* , *fig.* 11 , *Pl. 9* , de fer droites , écartées l'une de l'autre de quatre pouces : l'avant-train de ce rateau eft compofé de deux branches *E* , *fig.* 12 , *Pl. 9.* écartées d'un pied & demi , dont les extrêmités traverfent une barre *F* , fur laquelle on applique trois Negres , *G* , *fig.* 1 , *Pl. 9.* l'arriere-train de ce rateau préfente deux manches *H* , féparés , entre lefquels fe place un quatrieme Negre *I* , *fig.* 1 , *Pl. 9* , qui dirige la marche de cet inftrument.

Lorfqu'on a préparé & uni le terrein , en rompant les mottes & en battant la terre , ce qui s'exécute très-bien avec un bâton , on aligne les divifions & on fait tirer le rateau fur un côté du travers de toutes les planches *Q* , *fig.* 1 , *Pl. 6* , qui font renfermées entre ces divifions *P* , *fig.* 1 , *Pl. 6.* Ce premier tirage forme neuf petits fillons , *K* , *fig.* 1 , *Pl. 9.* profonds de deux travers de doigt. Quand le rateau eft au bout de ce côté de la piece de terre , on le retourne & on en pofe la premiere dent dans le petit fillon dont il eft le plus près : on continue de labourer ainfi toute la piece qui , par ce moyen , eft bientôt fouil-lée & expédiée avec peu de Negres. S'il étoit poffible d'établir fur ce rateau le méchanifme de quelqu'un des Semoirs inventés par différents Auteurs cé-lébres , on pourroit dire qu'il ne manqueroit rien à la perfection de cet inf-trument, & à l'expédition de ce travail.

La plantation de ces fillons fe fait auffi fort promptement & exactement. Chaque Négreffe *L* , *fig.* 1 , *Pl. 9* , fe met en face des rayons qu'elle doit en-femencer , qui font au nombre de 5 ou 6 , & en baiffant un peu la main de-vant le fond de chacun des fillons , elle y répand deux ou trois graines en pelo-ton : elle continue ainfi en avançant le corps & la main de quatre en quatre pouces. Les Négreffes qui font à fes côtés en font autant , & la piece eft plantée de cette maniere très-vîte & très-exactement. Pour couvrir enfuite la graine , on fait paffer deffus le terrein un balai extrêmement rude , dont les branches font écartées & égales par leur extrêmité. Le manche de ce balai doit être très-long, afin que les Negres lui faffent parcourir un grande efpace , & ne fe baiffent pas beaucoup. Au refte , dans les quartiers où l'on obferve à-peu-près ce que nous venons de dire , on ne fait paffer ce balai qu'affez légére-ment fur la fuperficie du terrein, parce qu'ils font perfuadés qu'une ligne de terre fur la graine de l'Indigo eft fuffifante ; plufieurs même fe difpenfent de cet ouvrage, qu'ils regardent comme fait par la marche & le mouvement des Né-greffes qui ont paffé deffus la graine en la plantant : ceux qui ont l'avantage de pouvoir arrofer leurs terres, s'en difpenfent encore plus volontiers, parce que les inondations artificielles qu'on leur procure fuffifent pour enfevelir la graine autant qu'ils le defirent. La maniere d'arrofer les terres fera le fujet d'un autre article.

Le temps eft très-précieux dans nos Colonies, & fur-tout celui où la pluie invite à planter l'Indigo ; c'eft pourquoi on prépare & on diligente ce travail afin d'en profiter ; car la terre étant une fois feche, il faut ceffer de planter.

On eft cependant quelquefois obligé de planter à fec, c'eft-à-dire, dans une grande fécherefffe, afin d'avancer la plantation, un grain de pluie ou deux de fuite n'étant pas fuffifants pour planter un vafte terrein ; mais on ne rifque cette façon de planter, qu'aux approches d'un temps où vraifemblablement on aura de la pluie. On fait donc des trous dans cette terre feche pour recevoir la graine qu'on y plante, & qu'on recouvre fur le champ : c'eft une grande avance pour l'habitant, lorfque le fuccès répond à fon attente. Il voit lever cette graine tout à la fois, pendant qu'il a le temps d'en planter d'autre par l'occafion du même grain de pluie : mais fi au contraire le temps perfifte au fec, plus ou moins, il court rifque de perdre toute fa graine, qui s'échauffe ou fe durcit par l'extrême chaleur ; il paffe même fouvent de faux grains de pluie dans cette faifon qui, ne faifant qu'effleurer la terre, font fortir & pourir le germe de la graine, qui n'a pas la force d'en foulever la fuperficie ; ce qui caufe une perte d'autant plus grande à l'habitant, qu'elle comprend le temps perdu des efclaves, un retard confidérable à fes revenus, & enfin le prix de la graine, qui eft un objet intéreffant, fuivant la quantité qu'il en a planté, & l'enchériffement de cette denrée, lorfque ces contre-temps font généraux.

Quand l'Indigo franc eft planté à propos, le troifieme jour après la pluie on le voit lever ; mais la graine bâtarde eft quelquefois plus de huit jours avant de pouffer, tantôt plutôt, tantôt plus tard, fuivant fon dégré de maturité, & par cette raifon, jamais tout à la fois : à chaque grain de pluie il en fort de terre ; il n'eft pas même rare d'en voir lever d'une année à l'autre, quand elle eft trop mûre ; auffi a-t-on foin de prévenir cet excès de maturité, en cueillant la gouffe, lorfqu'elle commence à fécher. Cette herbe ufe beaucoup la terre, & par conféquent demande à être feule ; ainfi il ne faut pas s'endormir fur les far-claifons. On lui donne cette premiere façon quinze jours ou trois femaines après qu'elle eft fortie de terre, & enfuite les autres de quinze jours en quinze jours.

Comme les Negres n'obfervent pas toujours une grande fymmétrie en fouil-lant les trous pour planter l'Indigo, ils marchent fouvent deffus, lorfqu'il eft queftion de le nétoyer ; mais quand le terrein eft dégarni de pierres, cela ne lui fait aucun tort, & la jeune plante fe releve tout de fuite.

Ces farclaifons fe font, quand le cas l'exige, à la main, & plus communément avec la *Gratte*, *fig.* 14 & 15, *Pl. 9.* C'eft un petit inftrument de fer,
dont chaque extrémité s'élargit de deux ou trois doigts en forme de patte d'oie,
& dont un bout eft courbé en tour d'équerre. On fe fert quelquefois d'un morceau de cercle de fer courbé tout fimplement, ou du bout de la ferpe, *fig.* 16,
Pl. 9. On a foin de ramaffer dans des paniers & de faire jetter à chaque fois
hors des entourages & fous le vent, toutes les mauvaifes herbes qu'on arrache, étant bien perfuadés que les racines & les feuilles mêmes qui ont refté,
ou les graines que les grands vents répandent, fecondées par les abondantes
rofées & la chaleur, fourniront, fous peu, matiere à une femblable récolte :
ce qui eft caufe que certains habitans pouffent la propreté & l'exactitude jufqu'à faire balayer leur terrein à chaque farclaifon, afin d'enlever jufqu'aux
moindres brins d'herbe, dont la plûpart, ont, comme nous l'avons expofé ci-
deffus, la vertu réproductive.

Cet ouvrage fi fréquent eft très-pénible pour les Negres, qui font obligés
d'avoir toujours la tête baiffée, pour vacquer à ce travail, qui fe continue jufqu'à ce que l'Indigo foit en état de couvrir la terre de fon ombre. Lorfqu'il
eft parvenu à fon point de maturité, on le coupe à un bon pouce de terre
avec de grands couteaux courbes, en façon de faucille, à l'exception qu'ils
n'ont point de dents. *Voy. fig.* 7, *Pl. 9.* Mais dans les fonds de terre excellents, où l'Indigo bâtard croît quelquefois jufqu'à fix pieds auparavant la maturité de fon herbe, la fouche en eft fi groffe & fi forte, qu'on eft obligé de
la couper avec la ferpe, *fig.* 16, *Pl. 9.* on fe fert enfuite du couteau pour en
abattre fur le lieu les menues branches, qu'on réferve pour en charger la cuve,
& on jette le refte, qui ne peut qu'embarraffer. Tous ces détails n'alongent
cependant pas beaucoup l'opération, parce que tous ces travaux fe font avec
une grande activité.

L'Indigo étant coupé, l'ufage eft de fe fervir en quelques habitations de balandras pour emporter la petite comme la grande herbe ; ces balandras font
des morceaux de ferpilliere ou groffe toile, de la longueur d'une aune & de la
même largeur, afin qu'ils foient quarrés, aux coins defquels on met des liens :
chaque balandra ainfi rempli fait la charge d'un Negre. On fe contente fur
d'autres habitations d'en faire fimplement des paquets qu'on attache avec l'Indigo même ou avec des cordes ; puis on délie cette herbe dans la cuve, où on
la répand également fans y laiffer de vuide. On obfervera ici que l'Indigo a une
fi grande difpofition à fermenter, que pour peu qu'on le laiffe lié en paquets,
il s'échauffe & devient tout brûlant. Auffi en prévient-on les fuites, qui
feroient très-préjudiciables à la fabrique, en faifant porter fans différer ces
paquets par les Negres ; mais dans les grandes habitations où les Indigoteries
font fouvent fort éloignées du lieu où l'on a coupé l'herbe, & où l'on fait
quelquefois 4 ou 500 paquets à la fois, dont le tranfport feroit auffi long que
pénible,

pénible, on charge ces paquets fur des cabrouets à mulets. Chaque cabrouet doit voiturer 50 paquets, qui font la charge ou le rempliffage d'une cuve. L'ufage de ces grandes habitations eft d'embarquer leur herbe vers le foir & au commencement de la nuit, afin de mieux juger à la clarté du jour qui fuit, du dégré de la fermentation, & du temps où il convient de couler les cuves. Au refte, on doit aifément concevoir qu'il ne conviendroit pas de remettre l'embarquement de tant d'herbe à la nuit, fi l'on n'avoit en même temps la commodité de pouvoir remplir enfuite tout d'un coup les cuves avec l'eau de quelque riviere voifine de la maniere qui va être expliquée, après que nous aurons expofé ce qu'il eft néceffaire de faire pour en retenir les eaux, les diftribuer & les employer à l'arrofage de l'Indigo.

L'époque de la retenue des rivieres pour arrofer l'Indigo n'eft pas fort ancienne à Saint-Domingue. Le préjudice & la défolation qu'une extrême fécherefe ne caufe que trop fouvent à une plantation, ayant engagé, il y a environ 40 ans, un habitant des Arcahaix, voifin d'une riviere, à en détourner un filet fur une partie de fon terrein, planté en Indigo; le fuccès de fa tentative engagea plufieurs Riverains à l'imiter, & la riviere fut bien-tôt à fec; les plus éloignés, qui en furent privés, s'étant plaints de cette appropriation, on convoqua une affemblée générale des habitants, où l'on dreffa des Réglements pour réformer cet abus, & pour établir un ordre conftant au fujet de la prife de ces eaux, dont l'ufage devint bien-tôt général.

Nous allons donner le précis le plus fuccinct qu'il nous fera poffible de ces réglements, des travaux qui y ont rapport, & de la conduite qu'on doit obferver dans l'arrofage de l'Indigo.

Précis des Réglements enregiftrés au Confeil Supérieur du Port-au-Prince, pour fervir de Loix touchant la diftribution de l'eau des Rivieres.

Les rivieres d'un même quartier feront partagées entre tous les habitants, proportionnellement à la quantité de leurs terres arrofables; pour cet effet on conftruira fur chaque riviere une digue avec un baffin, autour duquel on formera les éclufes d'où partiront les canaux qui fe rendront à des baffins particuliers, où l'on fera la répartition des eaux conformément aux régles ci-deffus.

On établira un Arpenteur hydraulique Juré pour régler les ouvertures de ces différens baffins, & veiller aux rétabliffements de leurs bornes, lorfqu'elles feront endommagées.

L'Arpenteur fera préfent lorfqu'on pofera les pierres des ouvertures de ces baffins, & les grifons qui doivent fe trouver dans les baffins de diftribution, pour que l'eau fe partage de tous côtés avec égalité.

L'habitation fupérieure fera obligée de donner un paffage convenable à l'eau de fes inférieures, qui ne feront tenues de lui payer que la valeur de la terre qu'elle traverse, sans avoir égard au dommage que ce canal peut lui causer.

Le Propriétaire de l'habitation supérieure ne pourra disposer en aucune maniere de l'eau de son inférieur, ni y conduire aucun égout capable de la gâter, sous peine de punition corporelle.

Tous les habitants qui tireront leur eau d'une même riviere seront obligés d'envoyer une certaine quantité de Négres proportionnée à leur prise d'eau, pour en nettoyer le lit, les bassins & les canaux généraux. Mais les bassins & canaux particuliers seront entretenus suivant les mêmes proportions par les seuls Négres de ceux qui sont assignés pour y prendre leur eau.

Chaque habitant entretiendra à ses dépens les canaux qui sont pour le service unique de son habitation ; mais il ne sera point tenu du soin des autres, auxquels il sera obligé de livrer passage pour l'utilité de ses inférieurs.

Les habitants des quartiers de Saint-Domingue qui participent aux ouvrages dont on vient de parler, ont soin d'établir un gardien tout auprès du bassin *D* , *fig.* 1, *Pl. 6* , à écluse, auquel on donne 2500 ou 3000 livres (1) d'appointement par an, avec une maison *O* , un magasin, & une ou deux cases à Négres, trois ou quatre esclaves & cinq ou six carreaux de terre de 100 pas quarrés de 3 pieds & demi le pas ; le tout acheté à frais communs des associés à la même riviere , suivant les proportions ci-dessus. Le devoir de ce gardien est de tenir les écluses ouvertes dans les beaux temps , & de les fermer lorsqu'il tombe des pluies d'avalasse dans les hauteurs du quartier & les environs de la riviere, afin de l'empêcher alors d'enfiler les canaux & les habitations , où elle ne manqueroit pas de causer des dommages infinis , dont il est responsable.

Il est pareillement obligé de prévenir les habitans du dégât de ces inondations & autres préjudices faits au Batardeau & aux autres ouvrages qui en dépendent , afin qu'ils les fassent réparer ou nettoyer suivant le besoin. Nous allons maintenant parler de la disposition & de la façon de tous ces ouvrages.

A la tête de la digue *B* , *Pl. 6.* est le courlier *C* qui conduit l'eau de la riviere *A* au bassin *D*, dont la hauteur des bords se régle sur la quantité d'eau qu'on veut retenir pour le service des habitations : ce bassin a ordinairement trois écluses *E* , à l'entrée desquelles on pratique des coulisses pour recevoir les pelles *F* qu'on leve dans les beaux temps , & qu'on abaisse lorsqu'il pleut d'avalassade. Deux de ces écluses sont destinées au passage des eaux qui vont se rendre à des bassins *H* , où l'on en fait la distribution convenable à chaque habitation. Ces deux écluses sont placées aux deux côtés du bassin *D* ; la troisieme est droite au milieu de la digue , & la sépare en deux parties , depuis le haut jusqu'au niveau du fonds du bassin. Cette écluse dont la largeur est ordinairement d'environ 2 pieds , ne s'ouvre que lorsqu'on veut nettoyer le bassin ou les deux autres écluses.

(1) 3000 liv. dans nos Isles de l'Amérique ne font que 2000 livres, argent de France.

Les maſſifs de la digue des éclufes & du courſier doivent être faits de groſſes pierres dures convenablement à l'ouvrage. Le fonds du baſſin eſt pavé de ſemblables pierres taillées, & bien de niveau juſqu'à la moitié du courſier. Les bords du baſſin, du courſier, de la digue & des éclufes, doivent être revêtus d'une forte maçonnerie, couverte par de larges pierres, arrêtées par des liens de fer pour réſiſter à l'effort du courant le plus violent.

Chaque éclufe des côtés, plus étroite en dedans qu'en dehors, doit ſe décharger dans un canal féparé *G*, qui va ſe rendre par un courſier particulier, au baſſin *H*, qu'on appelle *de diſtribution*, parce que c'eſt à ce baſſin que ſe fait la répartition des eaux. Le contour de ce baſſin eſt rond, & le fond plat, & parfaitement de niveau: toutes ces parties ſont maçonnées, comme celles du premier dont nous avons parlé ci-deſſus; mais les différentes ouvertures *I* qu'on y fait pour la diſtribution des eaux n'ont point de pelles, parce que dans le temps des grandes pluies on doit fermer celles du baſſin *D* à éclufe, tandis qu'on leve celle qui eſt au milieu de la digue *B*.

On plante vers l'entrée de chaque baſſin de diſtribution, trois grifons *K* debout en forme de trépied, contre leſquels vient frapper l'eau qui arrive directement ſur eux. Ces grifons ſont des pierres de taille quarrées qui ſervent à ralentir le cours de l'eau & à la faire s'étendre avec égalité vers les ouvertures de diſtribution, auxquelles on donne moins de largeur du côté du baſſin *H*, que du côté des canaux *L* particuliers qui vont la porter à chaque habitation.

Comme une petite quantité ou un filet d'eau peut être aiſément abſorbé en parcourant un terrein d'une étendue conſidérable pour ſe rendre à ſa deſtination, les habitants les plus éloignés du baſſin de diſtribution *H*, en tirent par une même éclufe toute leur eau en commun, & ils l'amenent par un canal commun *M*, juſqu'à un autre baſſin *N* de convenance, où la ſubdiviſion s'en fait par les mêmes moyens que dans le précédent, & ſuivant les mêmes régles.

Lorſqu'on veut arroſer un terrein *Q, fig.* 2, *Pl.* 10, on amene l'eau dans la rigole *R* qui eſt à côté du carreau *P*, qu'on a deſſein d'humecter; on enleve enſuite d'un coup de houe la terre du rebord du carreau *P* à l'endroit où l'on ſuppoſe que commence l'arroſage, & l'on met cette terre dans la rigole *R*, vis-à-vis & au-deſſous de l'ouverture *T* qu'on vient de faire, ce qui forme un petit batardeau *V* qui oblige l'eau de s'élever & de ſe répandre ſur le carreau qui doit avoir une pente inſenſible. C'eſt pourquoi on a ſoin de barrer l'eau qui coule ſur le carreau, de diſtance en diſtance, avec de longues torques *Y* faites de feuilles de Banannier entortillées, afin que l'eau s'étende également ſur tout le travers de la planche, & qu'elle ait le temps de féjourner ſucceſſivement ſur toutes les parties d'une étendue d'environ 100 pieds de long plus ou moins; après quoi on débouche la rigole pour amener l'eau à 100 pieds plus bas, où l'on recommence la même manœuvre que ci-deſſus, obſervant toujours de conduire & d'arrêter l'eau avec la même douceur, par rapport à la pente des carreaux: car ſi l'eau couroit trop vîte, elle brouilleroit la terre , emporteroit la graine çà & là & formeroit un limon qui l'empêcheroit de pénétrer à la profondeur néceſſaire. Cette profondeur doit être au moins d'un pied , parce que ſi la terre ne ſe trouvoit imbibée que de deux ou trois travers de doigt, la graine qu'elle renfermeroit feroit préciſément dans le cas d'un faux grain de pluie qui ne manqueroit pas d'en faire périr le germe : car on ne lui donne point de nouvelle eau juſqu'à ce qu'elle ſoit levée & ſarclée.

Le premier arroſage doit ſe faire vers le milieu de l'après-midi , afin que l'eau ait le temps de pénétrer la terre avant que le ſoleil donne deſſus ; mais quand l'Indigo eſt levé, on ne ſe gêne pas ſur cet article (1).

Dans les quartiers dont nous venons de parler où l'on a de l'eau à ſon commandement, on pratique encore deux choſes fort eſſentielles, l'une à l'égard de la plantation des vieux terreins abandonnés & empoiſonnés de mauvaiſes herbes, & l'autre à l'égard du ménagement des tiges d'un Indigo ravagé par la chenille.

Pour parvenir à nettoyer parfaitement un terrein empoiſonné , on fouille , on ſarcle , & on dreſſe la terre pour la diſpoſer à un arroſage complet qu'on lui donne incontinent après ce travail. On voit bientôt après cette terre toute couverte d'herbes. Mais on les laiſſe croître aſſez pour pouvoir les arracher aiſément avec la main ; ce qui eſt facile quand la terre a été ainſi préparée. On renouvelle une ſeconde fois tous ces ouvrages , depuis le premier juſqu'au dernier pour achever de nettoyer le terrein.

Enfin , on réitere ces travaux pour la troiſieme fois , avec la différence qu'on plante l'Indigo à celle-ci avant l'arroſage. On le ſarcle quelque temps après , c'eſt-à-dire , lorſqu'il a environ un pouce & demi de hauteur ; car s'il étoit trop petit , on courroit le riſque de le confondre & de l'arracher avec les herbes qu'on veut extirper.

Après les ſarclaiſons convenables, un des principaux objets de l'attention des Indigotiers eſt la chenille. Ils tâchent d'en prévenir le ravage en coupant autant qu'ils peuvent, l'Indigo avant qu'elle y ait fait trop de dégât. Mais lorſque malgré toute leur vigilance & leur activité , la chenille a fait trop de progrès, ils lui abandonnent le reſte de la plante, qui n'a bientôt plus que la forme d'un balai ; après quoi ces inſectes meurent faute de nourriture & d'abri.

Quand les choſes ſont en cet état, on ne coupe point les tiges, comme on le fait ailleurs en pareil cas, pour avoir un rejetton propre à la cuve au bout de ſix ſemaines ; mais on les conſerve en faiſant venir l'eau ſur le terrein, & on lui donne un ou deux arroſages , ſuppoſé qu'il ne vienne point de pluie. La plante reprend vigueur , & repouſſe un nouveau feuillage qui la rend bonne à couper au bout de quinze jours ; ce qui fait une grande différence. Mais après la coupe de l'herbe, on doit bien ſe garder d'arroſer les ſouches avant qu'elles aient boutonné ; car ſi on le faiſoit plutôt elles périroient infailliblement. On

_____
(1) Voyez à l'explication de la Planche 10, une petite Addition relative à cet article.

ne court cependant aucun rifque de les arrofer au bout de dix jours. Lorfqu'on deffouche un terrein dont les grandes rigoles fe trouvent trop minées par le cours des eaux, on comble celles-ci, & on en refouille de nouvelles à côté, avant de replanter la piéce. La profondeur & la largeur des grandes & des petites rigoles fe réglent fur la quantité de l'eau qu'on a.

Comme il eft très-avantageux d'amener un filet d'eau vers les Indigoteries, afin de couvrir l'herbe dont on remplit la trempoire, on a attention de les placer en un lieu propre à recevoir cette eau par-deffus les cuves, & d'en foutenir le cours & le niveau par un petit aquéduc *r*, qui va fe rendre jufqu'à la trempoire ; s'il y a plufieurs de ces vaiffeaux côte à côte, on fait une dalle *f* en maffone tout du long d'un côté fur le rebord même des Indigoteries. Cette dalle doit avoir vis-à-vis le milieu de chaque vaiffeau, une ouverture *g* où dalleau qui s'ouvre & fe bouche fuivant que l'on veut donner l'eau à l'une ou à l'autre de ces cuves.

CHAPITRE QUATRIEME.

Préparatifs & Defcription générale de la Manipulation de l'Indigo.

LES eaux influent beaucoup fur la fabrique de l'Indigo ; celles des rivieres & des ravines claires font les plus propres à pénétrer & à diffoudre le plante, lorfqu'elles ne font point trop froides, ni crues ; c'eft pourquoi on doit préférer celles-ci à celles de puits qui font fouvent déja chargées de fels, & ces dernieres aux eaux troubles de rivieres, parce que leur limon en fufpend l'activité, & que leur dépôt altere confidérablement la qualité de l'Indigo, comme les habitants des bords du Mifliffipi l'ont éprouvé avant qu'ils euffent pris le parti de faire raffoir les eaux limoneufes de cette riviere, pour l'employer à la fabrique de leur Indigo. Il eft néceffaire à cette occafion de remarquer que des eaux gardées trop longtemps dans des réfervoirs, pour avoir l'avantage de remplir une cuve tout d'un coup, & dont quelques-uns fe fervent pour réchauffer celles qu'on doit bientôt employer, peuvent en fe corrompant par la chaleur du foleil, & par les infectes qui s'y mettent, retarder ou gâter la diffolution qu'on en attend ; quoique cette méthode foit en elle-même très-utile & très-avantageufe.

On fe croit encore obligé d'avertir ici que l'Indigo fabriqué avec des eaux falines eft d'une dangereufe acquifition ; car, quoiqu'il ait un très-beau coup d'œil quand il a été longtemps expofé au grand air, les principes falins dont il eft compofé confervent ou attirent une humidité qui fe développe toujours dès qu'il eft renfermé quelque temps ; ce qui le rend beaucoup plus pefant qu'un autre, lorfqu'on l'achete, & d'une mauvaife défaite quand on vient à le débarquer des vaiffeaux.

Quand l'herbe eſt coupée, on l'embarque dans la Trempoire ou Pourriture *A*, *fig.* 4, *Pl.* 4, & on l'y répand de façon à ne faire aucune maſſe, ni aucun vuide. On couche enſuite par-deſſus, & ſelon la longueur de la cuve, des pa-liſſades *I* de Palmiſte, ſur leſquelles on poſe en croix de fortes barres *H* ; on arrête ces barres par des coins ou de petits étançons paſſés entr'elles & les barres *G* des clefs *D*, *fig.* 1. *Pl.* 4. Si les barres de clefs *D* ſont trop libres dans leurs mortaiſes, on les gêne par quelques coins ; mais on a attention de ne point trop comprimer l'herbe, afin de ne pas s'oppoſer aux bons effets de la dilatation & du développement que la fermentation doit occaſionner.

Lorſque ces préparatifs ſont achevés, on remplit la cuve, juſqu'à ſix pouces du bord, avec l'eau de quelques puits *p*, *fig.* 2, *Pl.* 4, ou ravine voiſine, au moyen d'une gouttiere *g*, ou d'un canal qui communique de l'un à l'autre ; peu après qu'on a verſé l'eau qui ſurmonte l'Indigo de trois à quatre pouces, il s'éleve du fond de la cuve, avec un certain bouillonnement, de groſſes bulles d'air, & une liqueur qui, en retombant, forme des bouclettes & ré-pand à la ſuperficie une petite teinture verte, qui par dégrés change l'eau en un verd extrémement vif : lorſque le verd eſt à ſon plus haut dégré, la ſurface de la cuve ſe couvre d'un cuivrage ſuperbe, lequel à ſon tour eſt effacé par une crême d'un violet très-foncé, quoique la maſſe entiere de l'eau reſte toujours verte ; la cuve ayant alors le dégré de chaleur qui lui eſt propre, jette par-tout de gros floccons d'écume en forme de pyramides. Cette écume eſt tellement ſpiritueuſe, que ſi on y met le feu, il ſe communique ra-pidement à toute celle qui ſe ſuit, & l'Indigo fait quelquefois des efforts ſi violents, qu'il rompt ou ſouleve les barres, & arrache les clefs lorſqu'elles ne ſont pas bien enfoncées ou affermies dans la terre. Quand la cuve pro-duit de pareils effets, on dit alors qu'elle foudroye.

Cette fermentation qui dure plus ou moins ſuivant la qualité ou le corps de l'herbe, & ſuivant la ſaiſon froide ou chaude, ſéche ou pluvieuſe, en développe tous les ſucs & les parties propres à former l'indigo. Lorſqu'on veut juger de la diſpoſition de tous ces principes à une union prochaine, on ſonde la cuve, dont la matiere eſt pour lors ſi épaiſſe qu'elle eſt en état de ſupporter un œuf. Cette expérience ſe fait au moyen d'une taſſe d'argent, *fig.* 6, *Pl.* 4, ronde, garnie d'une anſe, ſemblable à celles des Marchands de Vin, qu'on remplit de cette eau au tiers ou environ : le dedans de cette taſſe doit être bien clair ; car c'eſt ſur ce fond qu'on doit juger de l'état de la cuve : s'il eſt craſſeux, il fait paroître l'eau embrouillée & différente de ce qu'elle eſt effectivement, de ſorte qu'on s'imagine que l'Indigo eſt trop diſſous, tandis qu'il ne l'eſt pas aſſez ; & bien qu'on puiſſe s'en appercevoir enſuite au battage, il en réſulte toujours une perte, quand même on reconnoîtroit cette erreur qui provient cependant d'un rien ; c'eſt pourquoi l'Auteur de la Maiſon ruſtique de Cayenne conſeille d'employer une taſſe de cryſtal, comme plus propre à cet examen.

On obtient l'éclaircissement désiré , par le mouvement de la tasse, dont l'agitation produit à peu près ce que le battage opéreroit en pareil cas , dans la seconde cuve , c'est-à-dire , que si la matiere avoit assez fermenté dans la premiere cuve , pour que ses parties ayant les dispositions les plus prochaines à l'union , s'y déterminassent par le battage , il se forme également dans la tasse de petites masses , ou grains , plus ou moins distincts , suivant la qualité de l'herbe , & le dégré de son développement dans la fermentation présente. Quand ce grain qui n'est pas plus gros que le moindre grain de moutarde est bien formé , il cale ou se précipite par son propre poids , au fond de la tasse , & ne laisse d'ordinaire à l'eau qui le surnage , qu'une couleur claire & dorée , à peu près semblable à de vieille eau-de-vie de Coignac ; c'est ce qu'on remarque, lorsqu'après avoir agité la tasse , on la panche tant soit peu , pour laisser un côté du fond à découvert : on voit non-seulement les effets ci-dessus , mais encore un grain subtil rouler ou s'éloigner du bord le plus élevé , qu'il doit laisser net , & l'eau formant vers ce bord un filet bien clair & bien déta_ ché du grain. On continue de temps en temps cette manœuvre , jusqu'à ce que ces indices se montrent aussi clairement que le permettent les circonstances, dont on renvoye le détail en son lieu. Mais l'importance de ces indices nous oblige d'avertir qu'il ne suffit pas de sonder la cuve par en haut , lorsqu'on veut en avoir une connoissance exacte ; car l'Indigo des mornes ne présente bien souvent qu'un faux grain à la superficie ; d'ailleurs l'herbe qui est en bas entre bien plutôt en fermentation que celle du dessus qui reste près de deux heures avant d'être couverte : & dans les temps pluvieux où l'Indigo n'a besoin que de dix ou douze heures de fermentation , le haut de la cuve change si peu , qu'envain y chercheroit-on un grain qu'elle n'a pas la force d'y déve- lopper ou d'y soutenir. Il est donc du devoir d'un Indigotier de sonder éga- lement sa cuve par en bas , au moyen du cornichon, *fig.* 7 , *Pl.* 4 , qui va prendre de l'eau au fond , ou encore mieux , en lâchant le robinet , afin d'en confronter la différence, & continuer alternativement, jusqu'à ce qu'il lui trouve les qualités requises. Lorsque la tasse offre à peu près le grain', & l'eau qu'on peut attendre de la qualité de l'Indigo , il est de la prudence de ne pas exposer les principes de ce grain à une plus longue fermentation , qui les feroit tomber dans une dissolution , dont le battage ne pourroit les relever , ce qui entraî- neroit la perte de cette cuve ; c'est pourquoi il convient de saisir ce moment, pour couler la cuve & en retirer toute l'eau qui tombe, chargée d'un verd foncé, dans la batterie. Quoiqu'il importe peu en apparence aux Indigotiers de sa- voir que la couleur verte est le résultat de la combinaison du jaune & du bleu , il n'est cependant pas moins vrai que tout leur travail a un rapport direct & essentiel à la connoissance de cette loi, & qu'elle n'a rien de frivole pour eux ; puisque tout leur art ne consiste qu'à développer les principes de ces couleurs , afin d'avoir la facilité de les désunir , & d'éconduire ensuite la partie jaune en réfervant la bleue, dont l'exacte divifion fait toute la perfection du métier. Il feroit à fouhaiter que cette remarque engageât quelqu'un de nos Colons, ou quelque amateur des Arts établi en Languedoc, à faire diverfes épreuves fur la Maurelle, appellée *Heliotropium Tricoccum* (1), dont on fait le Tournefol, & à tâcher de la traiter comme l'Indigo, avec qui elle a beaucoup de rapport par fon produit. En effet, lorfque la Maurelle eft en fleur, on la broye pour en exprimer le jus qui eft extrémement verd. On trempe dans ce jus des morceaux de toile ou drapeaux, on les étend au foleil pour les fécher; on réitere deux ou trois fois cette manœuvre; après quoi on expofe ces chiffons ou drapeaux à la vapeur des alkalis volatils de l'urine putrifiée ou d'un fumier chaud, qui de verds les rend tout bleus. Ces drapeaux fortement chargés de cette couleur fe vendent aux Hollandois, qui ont le fecret d'en faire l'extraction, & d'en compofer de petites maffes qu'ils nous revendent fous le nom de *Bleu de Hollande.* Cette préparation pourroit faire préfumer que la fermentation développe beaucoup d'efprits alkalins dans l'Indigo. L'odeur nauféabonde approchante du foie de foufre que fa fécule exhale pendant le cours de fa préparation, & qui fe ranime encore lorfqu'on fait reffuer l'Indigo après qu'il eft fec; la pouffiere ou fleur blanche dont il fe couvre de plus en plus en féchant, femblent indiquer encore plus l'abondance des alkalis que renferme cette matiere.

On peut auffi préfumer que les alkalis fervent de bafe à la partie jaune de l'extrait, & qu'ils concourent avec les acides aux différents développements de la fermentation; mais nous nous arrêtons ici, crainte de pouffer trop loin des conjectures hafardées. Au refte, ce que nous venons de dire au fujet des effais que nous propofons à l'égard du Tournefol, nous le difons de même à l'égard de la plante du Paftel, dont on fe fert fouvent en France pour teindre en bleu

Cette plante fe cultive en Languedoc, & principalement aux environs d'Alby; elle fe travaille ainfi. On cueille fes feuilles, on les met en tas fous un hangard pour qu'elles fe flétriffent fans être expofées à la pluie ni au foleil; on porte ces feuilles au moulin, où on les réduit en pâte que l'on pêtrit avec les pieds & avec les mains; on en fait des piles dont on unit bien la furface, la battant afin qu'elle ne s'évente pas. La fuperficie de ces tas fe féche, il s'y forme une croûte, & au bout de quinze jours on ouvre ces petits monceaux, on les broye de nouveau avec les mains, & l'on mêle dedans la croûte qui s'étoit formée à la fuperficie; on met enfuite cette pâte ainfi broyée en petites pelottes; c'eft là le Paftel de Languedoc. L'intérêt qu'on peut prendre au travail de ces deux plantes nous en fait placer une efquiffe à la Planche II, fig. 4, *Tournefol*, & fig. 5, *Paftel.* (2).

(1) Cette plante eft auffi nommée Tournefol *Gallorum* dans les Mémoires de l'Académie, année 1712, page 17.

(2) M. de Juffieu, de l'Académie des Sciences, vient de me dire, qu'un Membre de la même Académie, avoit tenté inutilement de tirer une fécule du Paftel, & qu'un autre fçavant n'avoit pas mieux réuffi à l'égard de la Maurelle.

Pour

Pour revenir à notre sujet, l'apprêt que reçoit l'extrait dans le vaisseau de la Batterie, consiste dans la violente agitation & le bouleversement qu'occasionne la chûte des Buquets : par ce mouvement, toutes les parties propres à la composition de la fécule se rencontrent, s'accrochent & se concentrent en forme de petites masses, plus ou moins grosses, suivant les différents états de l'herbe, de la fermentation & du battage. Ces petites masses sont ce qu'on appelle le *Grain*.

Par ce bouleversement, l'eau qui paroissoit d'abord verte, devient insensiblement d'un bleu extrêmement foncé. Pendant le cours de ce travail, on jette à différentes reprises un peu d'huile de poisson, ou une poignée de graine de *Palma Christi* écrasée, qui est fort huileuse, dans la Batterie, pour dissiper l'écume épaisse qui s'élève sous le coup des Buquets, dont elle empêche l'effet. La grosseur, la couleur & le départ plus ou moins prompt de cette écume servent, avec les indices tirés de la tasse, à faire juger de la qualité de l'herbe, de l'excès ou du défaut de fermentation, & à régler le battage.

Lorsque le grain tarde à se présenter sous une forme convenable, on l'excite par la continuation de ce travail, qu'on gouverne toujours à l'aide des indices ci-dessus, jusqu'à ce qu'on en soit satisfait. Quand il est sur son gros, on examine la diminution que le battage doit nécessairement lui occasionner, c'est ce qu'on appelle le *Rafinage*; par ce moyen il s'arrondit & se concentre de maniere à caler & à rouler parfaitement au fond de la tasse. Lorsqu'il est à ce point, on cesse le battage; l'eau qui tient en dissolution la partie jaune & les autres principes superflus, se sépare quelque temps après de la fécule & s'éclaircit peu-à-peu en la submergeant tout-à-fait. Deux ou trois heures suffisent au repos de la cuve, quand rien ne lui manque; mais si on n'est pas pressé, il vaut mieux la laisser tranquille pendant quatre heures, afin que le grain le plus léger ait le temps de se déposer, & qu'il se trouve moins d'eau mêlée avec le sédiment; après quoi on ouvre le premier robinet *F*, *fig.* 5, *Pl.* 4, seulement pour que l'écoulement n'occasionne aucun trouble dans la cuve; lorsque toute l'eau qui étoit à cette portée s'est écoulée, on lâche le second, qui met la fécule étendue sur le fond de la cuve à découvert.

M. de Reine, ancien Habitant de l'Isle de France, que j'ai déja cité, m'a dit qu'il laissoit reposer la Batterie pendant 24 heures, & que son Indigo étoit comparable au plus beau des grandes Indes.

Les eaux sortant de ces deux robinets tombent naturellement dans le Bassinot ou Diablotin *K*, *fig.* 5, *Pl.* 4, lequel étant bien-tôt rempli, dégorge sur le plan *V*, du Reposoir, d'où elles s'écoulent par son ouverture *Q*, qui, suivant les loix du pays, doit déboucher dans quelque fosse ou marre perdue, parce que cette eau est capable d'empoisonner les animaux qui boiroient d'une ravine ou d'un ruisseau avec lesquels on auroit eu l'imprudence de la mêler. J'ai même observé en Europe, que la poussiere de l'Indigo étoit

INDIGOTIER. T

pernicieuſe à la poitrine, occaſionnant des crachements de ſang aux gens qu'on employoit long-temps au triage de cette denrée. Quand l'eau de ces deux premiers robinets, qui eſt d'une couleur ambrée & claire lorſque l'Indigo eſt bien fabriqué, eſt écoulée, on lâche un peu le troiſieme, afin de laiſſer paſſer d'abord celle qui eſt mêlée avec la fécule; on le repouſſe dès qu'elle ſe préſente : on continue ce petit manége juſqu'à ce qu'il n'en vienne preſque plus; après quoi on vuide toute l'eau du baſſinot pour y recevoir la fécule. Quelques autres ſe ſervent alors d'une cheville quarrée à la place de celle qui ferme la troiſieme bonde; la fécule s'arrête juſqu'à ce que l'eau ſe ſoit échappée par les iſſues que forme le quarré : on la retire enfin pour que toute la fécule, qui reſſemble en cet état à une vaſe fluide d'un bleu preſque noir, tombe dans le Baſſinot qu'on a eu ſoin de vuider auparavant, & on fait deſcendre un Negre dans la Batterie, pour achever d'amener avec un balai le reſte de la fécule vers la bonde; on place au devant de cette troiſieme bonde un panier pour intercepter tout ce qui lui eſt étranger; s'il en paſſe encore dans le Diablotin, on enleve ce qui ſurnage avec une plume de mer, on retire enſuite la fécule au moyen d'un Coui, ou moitié de calebaſſe, d'où on la tranſvaſe dans des ſacs de toile Z, *fig.* 1 & 2, *Pl.* 5, garnis de cordons par leſquels on les ſuſpend des deux côtés aux crochets du ratelier U, *fig.* 1, *Pl.* 4 : on laiſſe l'Indigo s'y purger juſqu'au lendemain. Lorſque les ſacs qui doivent être lavés & ſéchés à chaque fois qu'on en fait uſage, ne rendent plus d'eau, on en partage le nombre en deux, & on ſuſpend chaque moitié en réuniſſant les cordons de chaque lot; ce commun aſſemblage les preſſe & acheve d'en exprimer le reſte de l'eau; puis on renverſe & on étend la fécule, qui eſt encore très-molle, dans des caiſſes A, *fig.* 3, 4 & 5, *Pl.* 5, fort plattes, qu'on expoſe pendant le jour au ſoleil ſur des établis B, *fig.* 8, *Pl.* 4, dont une partie eſt à l'abri de la ſécherie S, & l'autre en plein air. C'eſt là que l'Indigo ſe deſſéche inſenſiblement. Sitôt que le ſoleil l'a pénétré, il ſe fend comme de la vaſe qui auroit quelque conſiſtance. On doit préférer le ſoir au matin pour le commencement de cette opération, parce qu'une chaleur trop continuelle ſurprend cette matiere, en fait lever la ſuperficie en écailles, & la rend raboteuſe, ce qui n'arrive point, lorſqu'après cinq ou ſix heures de chaleur, elle a un intervalle de fraîcheur qui donne le temps à toute la maſſe de prendre une égale conſiſtance. On paſſe alors la truelle, *fig.* 14, *Pl.* 5, par-deſſus, pour en comprimer & rejoindre toutes les parties ſans les bouleverſer, cette manœuvre préjudiciant à la qualité de l'Indigo, comme nous l'expliquerons ci-après; enfin, lorſqu'il a acquis une conſiſtance convenable, on en polit encore la ſuperficie, & on le diviſe par petits carreaux A, *fig.* 5, *Pl.* 5, d'un pouce & demi en tous ſens : on continue de l'expoſer au ſoleil, non-ſeulement juſqu'à ce que les carreaux ſe détachent ſans peine de la caiſſe, mais encore juſqu'à ce qu'il paroiſſe entiérement ſec. Il n'eſt cependant, ſuivant les Loix, ni livrable, ni marchand qu'il n'ait reffué ; car fi on l'enfutailloit exactement dans cet état, on ne trouveroit au bout de quelque temps, que des fragments de pâte détériorée & de mauvais débit ; c'eft pourquoi on le met en tas dans quelque barique recouverte de fon fond défaffemblé, ou de torques de feuilles de Bannanier defféchées, & on l'y laiffe environ trois femaines ; pendant ce temps il éprouve une véritable fermentation, il s'échauffe au point de ne pou-, voir y fouffrir la main, il rend de groffes gouttes d'eau, il jette une vapeur défagréable, & fe couvre d'une fleur qui reffemble à une efpece de fine farine : enfin, on le découvre, & fans être expofé davantage à l'air, il fe reffeche en moins de cinq ou fix jours. Tous ces effets proviennent vraifemblablement de l'état de féchereffe & de contraction qu'a éprouvé cette matiere, laquelle étant une fois à l'abri, tend naturellement à fe dilater, & donne occafion à l'air extérieur qui s'y infinue, d'y introduire en même-temps l'humidité dont il eft chargé. Cette action de l'air intérieur, qui tend à fe débander, & de l'air frais extérieur qui s'y infinue avec fon humidité, fe communiquant à toutes les parties de chaque maffe, doit néceffairement occafionner entr'elles un dérangement & un mouvement fuivis d'une chaleur affez grande pour produire tous les phénomenes de la fermentation dont nous venons de donner la defcription.

On peut même préfumer que l'Indigo éprouve plus d'une fois cette efpece de crife, fur-tout quand il paffe la mer, à moins qu'il ne foit embarqué extrêmement fec & bien clos.

Ce qu'il y a de conftant, & ce que peu de perfonnes obfervent, c'eft que l'Indigo pefe beaucoup moins avant d'avoir reffué, que fi-tôt après avoir reçu cette derniere façon.

Lorfqu'il a paffé par cet état, il eft entiérement conditionné, & il eft important de ne pas en différer la vente, fi l'on ne veut pas fupporter la diminution à laquelle il eft fujet, les fix premiers mois après cette crife, qu'on peut bien évaluer à un dixieme de déchet, & fouvent beaucoup au-delà.

Quelques habitants le font fécher à l'ombre dès que les carreaux quittent la caiffe ; il eft vrai que c'eft un ouvrage de longue haleine, & qui demande plus de fix femaines avant qu'il foit en état de reffuer : mais cette façon de le faire fécher lui eft très-favorable ; il femble en acquérir une nouvelle liaifon, & fon luftre fe perfectionne par la diffipation lente des diverfes fueurs, qui le couvrent dans cet intervalle d'une fleur auffi blanche que la pouffiere de la chaux. Il eft conftant que cette méthode n'eft pas fujette au même déchet que l'autre, & qu'elle procure une qualité fupérieure. C'eft pourquoi on ne peut trop inviter les Indigotiers à fuivre cette pratique. Ceux dont les établis font couverts d'une quantité confidérable de caiffes, ne pourroient cependant guère l'adopter, à moins qu'ils ne vouluffent faire un plancher & des étageres fous le faitage & tout autour de leur fécherie pour l'étendre deffus ; cela fait, on le met à reffuer, comme nous l'avons dit ci-deffus.

Il convient de retoucher un mot fur le pétriſſage de l'Indigo. Lorſqu'il commence à ſécher dans les caiſſes, on s'imagine que cette eſpece d'apprêt lui donne de la liaiſon : mais c'eſt une erreur; car cette liaiſon ne dépend uniquement que du dégré de la fermentation & du battage qu'il a éprouvé, & notamment de ce dernier, ce qui eſt facile à vérifier par l'Indigo d'une cuve qui péche dans l'un & l'autre cas; il s'écraſe au moindre choc, parce que la façon qui étoit néceſſaire à ſa liaiſon lui manque, & il eſt abſurde de croire qu'on lui reſtitue ou qu'on perfectionne cette qualité en en pétriſſant des parties défectueuſes; au contraire il en réſulte ſouvent une perte; car ſi on mêle la ſuperficie de la caiſſe avec le deſſous, cette ſuperficie, (en ſuppoſant qu'on ait laiſſé faire des croutes) altérée par le ſoleil, ſe trouvant confondue avec le reſte de la pâte, forme des veines ternes & ardoiſées qui en diminuent beaucoup le prix. Ceux qui regardent de près à leur intérêt ſéparent leur Indigo dans la caiſſe le lendemain ou le ſur-lendemain, ce qui fait une différence de ſix jours ſur le terme qu'il faut aux autres pour le ſécher; ils y trouvent encore leur compte, en ce que, plus l'Indigo tarde à ſécher, plus la force de ſon odeur augmente & attire les mouches qui y dépoſent leurs œufs : ces œufs ſe changent ſous moins de deux fois vingt-quatre heures en vers qui s'inſinuent dans les crevaſſes de l'Indigo, dont ils mangent une partie, & alterent l'autre, en y répandant une humeur viſqueuſe qui l'empêche de ſé- cher, d'où il réſulte une perte réelle, tant à l'égard du poids que de la qualité, & un grand retard, ſur-tout dans la ſaiſon pluvieuſe, où il convient que les uns & les autres entretiennent un feu continuel dans la ſécherie, afin que la fumée en écarte tous les inſectes.

On éviteroit preſque tous ces inconvéniens ſi, comme dans certains en- droits des grandes Indes, où l'on eſt dans l'uſage de le pêtrir & de le ſécher entiérement à l'ombre, on mettoit l'Indigo dans des caiſſes d'un demi pouce de haut; & ſi, après l'avoir ſéparé par carreaux, on les mettoit dans d'autres caiſſes ſéchées au ſoleil : cette méthode, à la vérité, exigeroit un plus grand nombre de caiſſes; mais comme l'Indigo ſécheroit beaucoup plus vîte, les caiſſes ſeroient plutôt délibérées; ainſi cette augmentation ne ſeroit pas auſſi conſidérable qu'on peut d'abord ſe l'imaginer; & comme, ſelon toute appa- rence, l'Inde de l'Aſie doit une grande partie de ſa belle qualité à l'obſer- vation exacte de ces différentes pratiques, on doit en eſpérer à-peu-près un ſemblable ſuccès à l'égard de l'Indigo, en donnant même aux caiſſes un pouce de hauteur. Il eſt vrai que les Marchands, accoutumés à acheter l'Indigo de nos Colonies en gros carreaux, ſeront d'abord ſurpris de la différence du volume de ceux-ci; mais ſi la denrée eſt réellement plus belle, ils ne s'arrê- teront pas long-temps à la forme.

Quand on retire l'herbe de la pourriture, la tige & les branches n'en paroiſſent pas autrement altérées; mais le feuillage qui y tient à peine, eſt ſi
flaſque

flasque & si livide, qu'il est aisé de discerner que le suc des feuilles contribue seul à la formation de la fécule ; il est cependant permis de penser que le corps & l'écorce de la plante fournissent quelques sucs propres à la fermentation & à la coloration du jaune. Mais on ne doit pas croire qu'ils soient seuls capables de composer le grain, puisque lorsque la Chenille a rongé toute la verdure, le reste de la plante ne rend plus rien ; ou s'il rend quelque peu de fécule, on doit plutôt le regarder comme le produit de la partie verte de l'extrêmité des branches, qui participent de la qualité des feuilles, que comme celui de l'écorce.

Les habitations où l'on manque d'eau dans les sécheresses extrêmes, tâchent de conserver celle qui doit se perdre dans la vuide, & on en remet le plus qu'on peut sur la nouvelle herbe, afin d'éviter une partie du transport qu'il faut faire pour remplir la cuve. Ces sortes de cas sont bien rares ; mais on prétend que cet usage ne préjudicie point à la fabrique de l'Indigo. On doit cependant présumer que l'eau de cette nouvelle cuve sera beaucoup plus foncée que toute autre, & moins propre à une nouvelle dissolution.

Le corps de la maçonnerie d'une Indigoterie simple & telle que nous l'avons décrite dans le premier Chapitre peut revenir à 3000 liv. y compris le travail des Negres de l'habitation, qu'on peut bien évaluer à près de la moitié ou environ. On ne peut fixer le prix du moulin, de la sécherie & des autres ouvrages qui y sont relatifs. Il suffit de savoir que chaque Negre de place peut couter environ 1800 à 2000 liv. le tout argent de l'Amérique, qui se réduit à deux tiers de sa valeur numéraire en France.

Chaque cuve chargée de quarante paquets ou charges d'un Noir, lorsqu'on est dans la belle saison, peut rendre trente livres d'Indigo, qui se vend à présent en France, suivant sa qualité, depuis six jusqu'à onze livres de notre monnoie. Je parle de l'herbe des habitations situées dans les plaines ; car celles des Mornes donne beaucoup moins, l'air y étant plus tempéré, & par conséquent moins propre à lui donner du corps.

Ce revenu ne laisseroit pas d'être considérable si chaque coupe étoit égale ; mais il y a une grande différence entre leurs produits. La premiere rend peu, & l'herbe ne fournit pas. La seconde coupe est la meilleure ; la troisieme diminue d'un tiers, la quatrieme des trois quarts, & la cinquieme se réduit presque à rien. Ceci souffre cependant de grandes exceptions, tant par rapport à l'excellence des terreins qu'à l'influence des temps.

On doit encore remarquer que l'Indigo bâtard rend souvent près d'un tiers moins, pour les raisons que nous avons expliquées ci-devant. Ainsi il faut beaucoup rabattre de la premiere estime dont nous venons de parler, sans entrer en compte des accidents de la plantation dont on est déja instruit.

Pour achever le détail de cette Manufacture, on doit ajouter que deux Indigoteries & trente Negres travaillant, suffisent à l'exploitation d'un terrein

Indigotier.   V de 15 carreaux de 100 pas quarrés de Saint-Domingue, où la mesure du pas est de trois pieds & demi de France; on suppose ici que le terrein où l'on peut cultiver ces 15 carreaux en Indigo est déja bien net & pris dans la plaine où l'exploitation est beaucoup plus facile que dans les mornes.

Il faut au reste savoir que dans nos Colonies les bâtiments, les savanes où l'on entretient le bétail, les places à vivre pour le Maître & les Esclaves occupent près d'un quart du terrein d'une habitation, & qu'il en reste souvent autant en friche, ou en bois de bout, pour servir de ressource quand la terre où l'on plante l'Indigo vient à s'épuiser.

Dans les habitations où l'on n'a plus de bois de bout pour remplacer les terreins usés, & où l'on est obligé de faire servir les vieux défrichés, on a recours à différents artifices pour les relever de cet épuisement & pour leur redonner une nouvelle vigueur. Un des principaux est de répandre sur les carreaux qu'on retravaille, un peu d'ancien fumier d'Indigo, qu'on appelle à l'Amérique *Fatras-Indigo*, dont on a déchargé les cuves. Cet engrais, sortant même de la Trempoire, est excellent & produit toujours un bon effet; mais si l'on veut rétablir le fond d'une piece de terre, & la rendre propre à se soutenir long-temps sans le secours des fumiers, il faut y planter du gros-petit Mil, ou Mil à panache, *fig. 2, Pl. 6*, dont la tige & le feuillage ressemblent beaucoup au Maïs, mais dont la graine ronde est quatre ou cinq fois plus grosse que celle du Millet de France. On coupe ce Mil au bout de six mois, & on laisse la tige avec tout son feuillage à pourrir sur la terre. La souche repousse alors de nouvelles tiges, dont on recueille le grain dans le temps de sa maturité. On coupe ensuite le pied de la plante, & on l'abandonne sur le terrein pour s'y dessécher; & lorsque la grande saison des plantations s'approche, on y met le feu. On dessouche ensuite le reste de la plante, qu'on brûle après avoir fouillé toute la piece avec la houe; on retravaille encore ce terrein autant de fois qu'il est nécessaire, jusqu'à ce qu'il soit en état de recevoir de nouvelle graine d'Indigo, ce qui fait à peu-près un intervalle de 15 mois. Lorsqu'un terrein a été ainsi relevé, il produit une très-belle herbe, & il est en état de résister à la culture de l'Indigo presqu'aussi long-temps qu'un bois neuf; car c'est ainsi qu'on appelle les terreins dont on a abattu les bois depuis peu. Quelques habitants, pour relever un terrein en friche & couvert de gazon, en font lever toute la superficie par pieces ou par mottes, dont on forme des tas ou des piles de distance en distance; lorsque ces mottes, qui sont un peu écartées les unes des autres, sont séches, on y met le feu, & on en répand la cendre sur la terre de ce défriché, qu'elle fertilise pour long-temps.

La bonne économie demande, qu'après avoir planté la moitié d'un terrein en Indigo, on observe un intervalle d'un mois ou six semaines avant d'ensemencer le reste. Cette précaution est nécessaire pour parer à l'inconvénient des pluies, qui font souvent différer la coupe de l'herbe, & pour que ses différents âges donnent le moyen de la couper alternativement au point convenable de sa maturité ; on profite du relâche que donne cet intervalle , pour vacquer aux premieres farclaifons & aux autres ouvrages indifpenfables. C'eft pourquoi on fe fert de ce délai pour faire un bois neuf ou l'abbatis des arbres qui couvrent une terre vierge , conftruire des bâtiments, planter des vivres (1) & des hayes, ou les farcler, réparer les entourages & les foffés , ou pour finir les travaux qu'on ne peut remettre au temps de la coupe qui donne à peine le moment de farcler , & d'empêcher les mauvaifes herbes de fe multiplier dans l'Indigo.

Les hayes Z, *fig. 6, Pl.* 10 , fe plantent en Citronier ou en Campêche , foit de graine, foit de bouture, à deux, trois ou quatre rangs ; & lorfqu'on a de l'eau à fa difpofition, on y en fait paffer un filet fuivant la néceffité , ou bien on fait apporter de l'eau exprès dans de grandes calebaffes pour arrofer ce plan. On a foin d'entrelacer les jets de ces arbres à mefure qu'ils croiffent, afin qu'ils foient en état de réfifter à l'effort des animaux. Quand le corps de la haye eft à la hauteur de 4 pieds, on la taille par-deffus & par les côtés avec un bon couteau à Indigo garni d'un manche, ou bien avec une efpece de coutelas , qu'on appelle *manchette* ; & quand la haye eft trop forte, avec une ferpe ajuftée à un long manche.

Comme les hayes font la fûreté & l'ornement des habitations, on doit les tailler tous les trois mois, & veiller tous les jours à leur entretien , en faifant la ronde pour examiner fi les animaux n'y ont point fait quelque bréche.

A l'égard des places à vivres *r* , *fig.* 1 , *Pl.* 6 , on les arrofe comme l'Indigo , quand le terrein le permet. On obfervera ici que fi l'on eft dans l'ufage de diftribuer de la terre aux Negres, afin d'y faire des vivres pour eux & pour leurs familles , on doit leur affigner des quartiers ni trop fecs ni trop humides, ou bien leur donner un terrein dans les hauteurs pour leur nourriture pendant la faifon des pluies, & un autre dans les bas-fonds pour les temps de féchereffe.

Quant aux Jardins potagers *s* , *fig.* 1, *Pl.* 6 , on y creufe un ou plufieur baffins où l'on fait venir l'eau dont on fe fert pour arrofer avec des arrofoirs , & on éleve par-deffus les planches qui ont befoin d'abri, des tonnelles , fur lefquelles on met comme un lit de branches de bois noir, ou de feuilles de Palmifte.

Lorfque le temps de la coupe approche , il convient que l'Indigotier faffe une vifite générale des Indigoteries & de ce qui en dépend, pour s'affurer de leur état, s'il n'y a point d'écoulement à craindre, foit par les robinets, foit par quelque fente ; fi les poteaux des Clefs & ceux des Buquets font folides ; on fait auffi une révifion de l'échaffaud *e* , *fig.* 2 , *Pl.* 4 , du puits & de fon chaffis ; un de fes travers gâté, fuffifant pour faire périr un Negre. On vifite auffi la Bringueballe ou bafcule *b* du fceau, & fon fouet ou cordage *f* ; enfin les barres des Clefs de chaque Indigoterie, afin de n'être pas obligé d'arrêter au milieu de la coupe , & donner par là occafion à de grands dérangements à la

(1) Terme ufité qui comprend toutes les Plantes d'où les Negres tirent leurs aliments.

fabrique de l'Indigo, par le refroidiſſement des cuves & les pluies qui peuvent ſurvenir ; ces inconvénients étant cauſe qu'on eſt après cela trois ou quatre jours ſans retrouver le point de leur juſte fermentation. Un pareil ordre établi, l'Indigotier ne s'occupe plus qu'à couper, embarquer & ſarcler, juſqu'à ce qu'on ait fini la premiere coupe ; après quoi il vacque aux travaux les plus preſſants, dans l'aſſurance qu'il ne tardera guere à faire une ſeconde coupe qui demande bien plus de vigilance, tant à cauſe du ravage de la Chenille & des autres inſectes, dont le nombre ſe multiplie de plus en plus, qu'à cauſe du corps de l'herbe qui exige plus de pourriture, mais qui rend auſſi beaucoup plus que la premiere.

Fin du Livre Second.

LIVRE

LIVRE TROISIEME.

Théorie pratique de la Fabrique de l'Indigo.

A V A N T-P R O P O S.

COMME le terme de *pourriture*, appliqué à la fabrique de l'Indigo, renferme chez nos Colons l'idée de tous les dégrés de fermentation par lesquels une cuve de cette herbe peut passer, & que la plupart de ceux qui ne font point instruits de cette convention en Europe, font accoutumés à distinguer par des noms particuliers, les trois différents genres de la fermentation, dont l'effet du dernier porte le nom de *pourriture*, je me servirai, autant qu'il me fera possible, pour éviter toute équivoque, du terme de *putréfaction*, lorsqu'il s'agira du dernier dégré de la fermentation, qui est connu de tout le monde pour être défavorable à l'Indigo ; & j'emploierai celui de *défaut* ou de *justesse de fermentation*, pour exprimer l'état des deux autres, en dérogeant ici à l'usage des Indigotiers.

On peut voir la raison de cet avertissement, & les éléments de cet art, au Chapitre VI. du premier Livre, *page* 35 *& suivantes.*

La fabrique de l'Indigo se divise naturellement en deux parties ; savoir, la fermentation & le battage. La fermentation se manifeste par deux effets principaux. Le premier, porté jusqu'à un certain dégré, développe tous les principes actifs & passifs qui doivent contribuer à la formation du grain, & les dispose à une liaison qui doit se perfectionner dans la Batterie, où ils acquierent une consistance & une forme propre à s'égoutter.

Le second effet de la fermentation, ou son excès détruit le ressort des principes actifs, & occasionne la défunion de tous les autres, dont le battage ne peut plus qu'augmenter la dissolution, & leur mélange avec l'eau, qu'il est ensuite impossible d'en féparer.

Ces deux différents effets se produisent plutôt ou plus tard, selon les différentes circonstances dont nous parlerons ci-après.

On a vu des cuves arriver à une fermentation parfaite en six heures ; mais cela est très-rare, & c'est une preuve certaine que l'Indigo rendra fort peu. Le terme ordinaire est de dix, douze, quinze à vingt heures, quelquefois trente, même cinquante, presque jamais au-delà ; encore ne se trouve-t-on gueres dans ces derniers cas, si ce n'est lorsqu'on embarque l'herbe dans une cuve neuve, ou dont on a cessé de faire usage depuis long-temps, & lorsque la circonf-

INDIGOTIER.   X

tance d'un hiver fec & froid qui rallentit la fermentation , ou celle des grandes chaleurs de l'été , qui rendent l'herbe fufceptible d'une longue effervefcence , concourent à cet effet.

Le Battage ou l'agitation de la matiere dans la Batterie , produit auffi deux effets principaux. Le premier bien ménagé , détermine & perfectionne la liaifon des parties & la formation du grain, que la fermentation bien conduite , n'a fait qu'ébaucher ou préparer.

Par cette opération , toutes les parcelles propres à la formation du grain, noyées & difperfées dans cet amas d'eau , fuivant leur pefanteur fpécifique , fe rencontrent , fe joignent & fe pelotonnent en petites maffes plus ou moins groffes & différemment configurées , felon l'abondance & la qualité des fucs & fuivant la force ou la duré ede l'agitation qu'elles éprouvent.

L'huile de poiffon qu'on répand avec un brin d'herbe à deux , trois ou quatre reprifes dans la cuve pendant le cours de l'opération , fert à abattre le volume de l'écume qui s'oppofe au coup du buquet. On peut auffi fuppofer qu'elle contribue à l'union des principes qui n'attendent peut-être que cette addition pour former de nouveaux corps, ou qu'elle fert du moins à perfectionner l'unité de chaque maffe , & qu'elle les préferve de l'impreffion de l'eau , ce qui , joint à leur forme particuliere , les diftingue les unes des autres jufque dans leur dépôt , & en facilite le plus parfait écoulement. Je ne tairai cependant pas que dans certains quartiers on a totalement fupprimé l'ufage de l'huile , fans qu'il en ait réfulté aucun inconvénient à l'égard du battage ou de la qualité de l'Indigo.

L'excès du battage produit à-peu-près le même effet que l'excès de fermentation. Il rompt méchaniquement le reffort & l'union du grain , & il le réduit en fi petites parties , que lors du repos dans la cuve & dans les facs , l'eau ne peut trouver aucune iffue pour s'en échapper.

Ainfi l'on peut établir comme une regle générale que tout Indigo qui ne s'égoutte pas bien , péche par excès de fermentation ou de battage.

Comme la fermentation & le battage n'ont aucun temps ou terme fixe , on parvient à faifir fucceffivement le jufte point de l'une & de l'autre , par l'obfervation de la qualité de l'herbe qui influe généralement fur la durée & fur la mefure de ces deux objets , & par l'examen de certains indices connus qui fe préfentent dans le cours de chacune de ces opérations; mais comme ces deux objets ne peuvent fouffrir un plus long détail en commun, nous allons les divifer en deux Chapitres , dont l'un regardera la fermentation & l'autre le battage.

A V E R T I S S E M E N T.

Pour lever toute obfcurité fur le contenu du Chapitre fuivant, nous obferverons que dans les temps chauds la fermentation fe déclare bien plus promptement que dans les temps froids, d'où il réfulte que l'herbe embarquée dans une
faifon chaude, exige moins de temps pour parvenir à fon premier dégré de
pourriture, qu'une herbe embarquée dans une faifon froide, & que celle-ci
par conféquent doit féjourner plus long-temps dans la cuve que la premiere,
pourvu qu'il n'y ait pas une extrême différence entre le corps de l'une & de
l'autre. Car, il eft conftant que fi le froid contribue à la longueur du féjour de
l'herbe dans la Trempoire, l'affoibliffement dans le corps de l'herbe occafionné
par le froid, abrége d'un autre côté le temps de fon bouillon ; ainfi en s'accor-
dant fur cette diftinction, on peut dire que l'herbe demande plus de pourriture
ou de féjour dans la cuve fi l'hiver eft fec, qu'en été, fuppofant une égale
qualité entr'elles, & même dans le cas où l'herbe de l'hiver auroit un peu moins
de corps ; mais il faut auffi convenir que cette diminution de qualité dans la
plante, néceffite toujours une diminution fur le temps de la fermentation réelle,
& abrége d'autant fon féjour dans la cuve.

Mais la pluie contribue encore plus que le froid à la diminution de fa qualité, & elle ne tombe pas également par-tout dans les mêmes faifons. Ainfi
dans les quartiers de la dépendance du Cap François, il pleut par intervalle toute
l'année, mais beaucoup plus conftamment dans le temps des Nords, ou des vents
qui foufflent du côté du Nord de l'Ifle de Saint-Domingue, depuis environ le
milieu d'Octobre jufques vers le commencement d'Avril ; au contraire, dans
ceux du Port-au-Prince de la même Ifle, il ne pleut que pendant le printemps,
l'été & une partie de l'automne, enforte qu'après le huit ou le quinze de Novembre on a du fec jufqu'au mois de Mars, ce qui fait trois ou quatre mois,
pendant lefquels on n'a fouvent que trois ou quatre grains ou pluies d'orage,
tandis qu'il pleut pour ainfi dire fans ceffe jour & nuit dans cette même faifon
vers la partie du Cap. Il réfulte de ce contrafte une différence confidérable fur
la qualité de leur herbe dans ces mêmes temps ; cette différence de qualité &
auffi de température, fait qu'on ne s'accorde point alors fur la maniere de traiter les cuves, & que la méthode des uns femble oppofée à celle des autres, quoique au fond tous conviennent des mêmes principes, auxquels je tâcherai de rapporter tout ce que j'ai à dire fur cette matiere, efpérant qu'au moyen de cet Aver-
tiffement, chacun entendra le fens de mon difcours, & en fera l'application convenable à ces cas, dont la diverfité eft fi commune dans la fabrique de l'Indigo.

CHAPITRE PREMIER.

De la Fermentation de l'Indigo.

L'ART n'indique point, comme nous l'avons dit au Chapitre VI. du premier Livre, *page* 35, de regle précife fur la durée de la fermentation, parce que ce point dépend de la qualité ou du corps de l'herbe, & cette qualité de la nature du terrein où l'herbe a crû, & de l'altération des faifons qu'elle a éprouvée tandis qu'elle étoit fur pied. Nous avons ajouté que le progrès de fon développement dépend encore du temps froid ou chaud, pluvieux ou fec, pendant lequel l'herbe eft à cuver, & du degré de chaleur ou de fraîcheur de l'eau dans laquelle on la fait macérer; mais comme entre toutes ces circonftances la qualité de l'herbe eft celle qui influe le plus généralement fur la durée de la fermentation & fur la force des indices qui fervent de regle à l'Indigotier pour couler la cuve, & que les caufes dont nous avons parlé peuvent faire varier à l'infini les qualités de l'herbe, nous en choifirons trois principales pour en faire le fujet de trois Articles féparés, dans lefquels on trouvera fucceffivement tout ce qui a rapport à ce travail & aux circonftances capables d'en ralentir ou d'en accélérer l'effet.

Le premier nous indiquera les raifons pourquoi une herbe qui a éprouvé les inconvéniens de la faifon pluvieufe ou d'un terrein trop humide exige une courte fermentation, les effets qui l'accompagnent jufques dans fa putréfaction, & les moyens d'en éviter les inconvéniens. Nous joindrons à cet Article le détail des caufes qui peuvent déterminer, non pas une plus longue efferfefcence, mais un plus long féjour de l'herbe dans la cuve.

Dans le fecond, nous fournirons les mêmes éclairciffemens fur la néceffité d'une plus longue fermentation à l'égard d'une herbe venue dans les circonftances les plus favorables de l'été, & dans une bonne terre.

Nous expoferons dans le troifiéme les motifs qui déterminent une fermentation moyenne, lorfqu'il s'agit d'une herbe qui a long-temps fouffert du fec, ou dont on a laiffé paffer le temps de la coupe; nous y joindrons les inftructions de convenance comme aux précédens Articles.

ARTICLE PREMIER.

TOUT bon Praticien, avant d'ordonner la coupe de fon Indigo, doit jetter un coup d'œil attentif fur fon herbe, fur le terrein où elle a crû, & bien réfléchir fur les accidents qu'elle a éprouvés jufqu'alors, afin de juger du point où il doit en pouffer la fermentation, & enfuite le battage.

La

La méthode de ces préfomptions eft d'un grand fecours quand on a affez d'expérience pour rectifier & corriger à propos les petites méprifes qui peuvent s'y glifler. Cette révifion traitée fuivant l'ordre des circonftances & des travaux, nous conduit naturellement à l'examen de la premiere coupe & de-là à la premiere cuve. C'eft toujours la plus embarraffante, parce que l'éloignement du foleil, les pluies fréquentes de la premiere faifon, & la trop grande fraîcheur de la terre ayant attendri la plante, & l'ayant remplie de fucs mal digérés, le développement en eft fi prompt & l'effervefcence fi foible, qu'il eft difficile de connoître & de faifir le véritable point où il faut en arrêter la fermentation.

Les fignes qui accompagnent cette fermentation & fon produit, répondent à la foibleffe de leurs principes; elle rend peu d'écume, & quelquefois il n'en paroît prefque point du tout. La chaleur & le développement des parties font prefque tous concentrés au fond de la cuve. Le grain en eft petit; il change & fe diffout d'une maniere imperceptible prefqu'auffitôt qu'il eft formé, & il donne une apparence de trouble à l'eau dans laquelle il eft trop divifé.

Les doutes qu'occafionnent la foibleffe & l'obfcurité de ces indices, lors même qu'on en a faifi le jufte point, les légeres apparences de conformité qu'ils ont avec ceux d'une cuve de bonne herbe qui n'eft pas affez fermentée ou qui l'eft trop, & les inconvénients qui réfultent de la confufion qu'on en peut faire, nous obligent d'entrer dans le détail de tous les éclairciffements propres à les faire éviter.

On connoîtra que la cuve dont il eft queftion, eft à fon jufte point de fermentation & dans le meilleur état poffible, fi le grain, tout mal formé qu'il eft, fe fépare aifément après avoir battu la taffe, & fi l'eau devient d'un verd paillé brillant.

On diftinguera celle-ci d'une cuve de bonne herbe qui n'a pas affez fermenté, dont la couleur de l'eau eft quelquefois rouffe approchant de la bierre, & prefque toujours d'un verd vif & qui ne laiffe à la fuperficie de la taffe aucune craffe. L'indice de l'eau rouffe ne doit cependant point être regardé comme une marque infaillible de défaut de fermentation; car il fe rencontre des coupes entieres dont les eaux font toujours rouffes, quoiqu'elles ayent le degré de fermentation convenable. C'eft pourquoi j'ajoute ici trois autres remarques fûres, dont l'Indigotier peut faire ufage toutes les fois qu'il aura quelque doute fur l'état de fa cuve. La premiere eft tirée de l'eau qui rejaillit de la taffe ou de la cuve fur la main, laquelle, dans le cas de putréfaction, ne fait aucune impreffion, ou du moins elle eft fi foible, qu'elle s'efface d'elle-même à mefure qu'elle féche; mais lorfqu'elle manque de quelques heures de fermentation convenable, elle eft fi âpre que le favon ne fauroit en effacer la tache fans réitérer plufieurs fois fon ufage.

La feconde confifte dans l'odeur de la cuve, qui eft défagréable, quand elle eft excédée.

La troifieme dépend de l'infpection de l'eau qui anticipe fur les bords de la cuve , tandis que la fermentation augmente , & dont la retraite laiffe une trace qui annonce que la crife de la fermentation eft paffée.

Pour tirer avantage de cette trace , il faut auparavant avoir obfervé le point où l'eau montoit lorfqu'on a achevé de remplir la cuve , & prendre le moment où le ralentiffement de la fermentation permet de voir la moitié ou les deux tiers de cet intervalle à découvert , pour lâcher la cuve.

Si , faute d'attention à ces avis , & fur les premieres apparences de la confor-mité du grain d'une herbe de foible qualité bien fermentée , avec celui d'une bonne herbe qui ne l'eft pas affez , on fe détermine à pouffer la fermentation dans l'idée de perfectionner ce grain , la cuve tombera en putréfaction , & on la perdra fans reffource.

Mais fi une cuve eft tombée dans cet état pendant l'abfence d'un homme ex-périmenté , il en reconnoîtra aifément l'excès , malgré la conformité & la reffem-blance de ce grain embrouillé , à celui dont la fermentation n'eft qu'ébauchée ; car le premier ne fe fépare point comme l'autre , & il refte à flot entre deux eaux , dont la couleur eft quelquefois d'un jaune pâle , d'un verd falé & le plus fouvent bleuâtre. Il verra de plus fe former à la fuperficie de la taffe , une fleur qui , en fe réuniffant , préfente un demi-cercle en maniere d'arc-en-ciel , & auffi une pellicule ou craffe blanchâtre fur la cuve , ce qui eft une preuve d'excès. Il eft vrai que cette fleur peut également fe préfenter dans la taffe & fur la cuve , quand les fucs de la plante fe trouvent altérés par les pluies continuelles qui l'ont noyée , ou quand l'herbe a trop de maturité , ce qui arrive lorfqu'on en laiffe nouer la graine ; mais cette fleur ne s'entretouche pas comme celle d'une cuve dont la putréfaction eft ébauchée.

On doit inférer de tout ceci , que l'Indigotier doit s'attacher particuliérement à la netteté & à la belle qualité de l'eau pour gouverner la fermentation de la premiere cuve , quand elle fe trouve chargée d'une herbe telle que nous l'avons décrite au commencement de cet article , fans avoir trop d'égard au petit grain , pourvu qu'il cale bien , & qu'il ait foin d'y conformer le battage qu'il doit lui donner enfuite avec toute la circonfpection poffible. C'eft dans la Batterie qu'il en verra & corrigera le défaut , fur lequel il jugera du temps de la fermentation de la cuve d'herbe fuivante & de la qualité du grain qu'il doit en attendre , le-quel ira vraifemblablement en fe perfectionnant.

Ces éclairciffements font d'autant plus intéreffants , que bien des gens rif-quent de perdre la premiere cuve pour affurer le fuccès de la feconde , qui eft comme la bafe de toute la coupe. Si celle-ci réuffit , le refte ne fera qu'une rou-tine tandis que le temps fe tiendra au beau ; car s'il devient pluvieux , ce fera une circonftance de plus pour accélérer la fermentation. Je ne dois pas omettre à la fuite des circonftances qui précédent & occafionnent une plus courte fer-mentation , le ravage de la Chenille : il eft tout naturel qu'une herbe dépouillée de la moitié de son feuillage, travaille moins long-temps qu'une autre bien garnie ; & qu'une cuve remplie de ces insectes, tende bientôt à la putréfaction. On ne laisse cependant pas d'en tirer parti en les mettant, autant qu'il est possible, dessous l'herbe avec laquelle ils rendent quelquefois de bon Indigo. Mais on doit s'attendre, pour peu qu'on tarde à lâcher une cuve de pareille herbe, qu'elle jettera bientôt à sa superficie une crasse ou pellicule qui est l'indice d'un prochain relâchement dans la liaison du grain ; ainsi il faut en arrêter de bonne heure la fermentation, & prendre garde de ne pas confondre cette pellicule de la tasse & de la cuve avec celle d'une bonne herbe trop fermentée, ou avec celle d'un Indigo coupé en graine, ou d'une autre enfin qui n'a point de corps.

Après avoir exposé les causes qui déterminent une prompte & insensible fermentation, ainsi que les moyens d'en éviter l'illusion & les inconvénients, il est nécessaire d'entrer dans le détail d'une circonstance étrangere à l'Indigo, qui peut en déranger & reculer considérablement le point : c'est des vaisseaux que j'entends parler.

La fraîcheur des cuves neuves, & peut-être aussi l'action de la chaux, ralentissent considérablement la fermentation du premier Indigo qu'on y met. Son effervescence ne paroît quelquefois qu'au bout de quarante heures, tandis que la seconde n'en demandera pas vingt. Les vaisseaux dont on n'a point fait usage depuis plusieurs années, produisent à-peu-près le même effet ; on apperçoit même toujours quelque différence à cet égard dans les cuves qu'on emploie d'ordinaire, lorsqu'on leur donne quelque repos, particuliérement celui des plantations ; ce retard de fermentation, causé par les vaisseaux, mérite d'autant plus d'attention, qu'il se rencontre souvent avec la coupe de la premiere herbe, dont la prompte & insensible dissolution, semble entrer en contradiction avec cette ciconstance. Dans ce cas, il vaut mieux retrancher quelques heures, que d'en donner une de trop ; parce que si l'on perd quelque chose sur la quantité, on est au moins dédommagé par la qualité qui n'en souffrira point, s'il ne manque rien au reste de son apprêt, & s'en tenir au premier grain qui paroîtra capable de souffrir le buquet, qu'il faut toujours dans ces rencontres ménager avec prudence.

On doit encore mettre au nombre des circonstances qui retardent le plus ordinairement la fermentation, la fraîcheur de l'eau dont on remplit les cuves, & celle de l'air pendant le temps qu'elles travaillent. Mais comme nous nous sommes fort étendus sur les effets de cette derniere cause, dans l'Avertissement qui précede ce Chapitre, le Lecteur peut y avoir recours. Nous ne l'entretiendrons ici que de la fraîcheur de l'eau, qui dépend en grande partie de celle de l'air. Il est évident que plus l'eau est froide, plus la cuve doit tarder à bouillir ; c'est pourquoi la plupart de ceux qui sont en état de faire la dépense d'un bassin pour exposer leur eau au soleil pendant vingt-quatre heures, ne négligent guere d'employer un moyen si propre à accélérer le progrès de la fermentation. Cette méthode leur procure deux avantages. Le premier est de gagner près de deux ou trois heures fur ceux qui ne rempliffent leur cuve qu'à fur & à mefure avec des feaux.

Le fecond eft de retirer plus d'Indigo par la fermentation complette de l'herbe qui fe fait tout à la fois. Mais lorfqu'une cuve a été réchauffée par un ou deux bouillons, & avinée par la force de la matiere qui la pénetre, elle rentre dans l'ordre naturel; la feconde fe fait plus promptement & ainfi de fuite, jufqu'à un certain point. C'eft pourquoi l'Indigotier doit vifiter cette feconde cuve de bonne heure, afin de s'y trouver avant qu'elle foit paffée; car s'il ne vient qu'après avoir donné au grain le temps de fe diffoudre, il trouvera en arrivant que celui-ci reffemble beaucoup au grain de la cuve précédente, qui n'étoit réellement pas formé à pareille heure, & il tombera dans l'inconvénient dont nous avons parlé ci-deffus, en différant, dans l'efpérance d'un changement favorable. A la feconde vifite, il fera furpris de trouver le même grain, s'il n'y a du pire; dans cette perplexité, il s'aventure à lui donner encore quelques heures, & il gâte tout. Ce qui lui fait le plus de tort dans cette occafion, c'eft que s'appercevant enfin de fon erreur, il ne peut pas également connoître depuis quel temps elle eft tombée dans cet excès, ou combien elle a déja d'heures de trop; ce qui eft d'une grande conféquence pour la troifieme cuve. Un homme qui fait deux fautes de fuite, ne doit point s'entêter davantage, ni rougir de demander l'avis d'un autre; quand il feroit moins habile, il pourra le remettre fur la voie, parce qu'il y va de fens froid, & qu'il n'a pas l'efprit troublé par deux bévues confécutives. Les vifites doivent fe faire de bonne heure; mais il ne faut pas les réitérer coup fur coup: car on s'imagine toujours voir la même chofe. Si donc après la premiere vifite de la cuve, on préfume qu'elle a encore dix heures à courir, & qu'on y aille les deux premieres fois enfuite de quatre heures en quatre heures, ne doit-on pas favoir à quoi s'en tenir à la troifieme, & en diftinguer mieux la différence que fi on n'avoit mis aucune diftance raifonnable entr'elles? Si à la derniere fois la cuve fe trouvoit par hafard paffée, il n'eft pas difficile de s'en appercevoir aux remarques que nous avons données ci-devant pour ce cas.

ARTICLE SECOND.

Supposons maintenant que l'Indigotier travaille fur une herbe qui a profité des circonftances les plus favorables, beau temps, chaud, petites pluies douces, bonne terre, belle expofition, peu de chenilles, & très-peu d'autres accidents, conféquemment fur une herbe pleine de fubftance. Dans cette circonftance la fermentation devient néceffairement fort longue, parce qu'il faut beaucoup de temps à l'eau pour en pénétrer & en développer toutes les parties, & des plus violentes par l'abondance des fucs qu'elle met en action.

La chaleur de la cuve & l'écume confidérable dont elle eft couverte, la
grosseur

groffeur & la rondeur du grain, font les indices & la preuve de l'abondance & de la force de ces principes & de leur difpofition à une parfaite liaifon.

Lorfque la fermentation a amené le grain à ce point, l'eau en eft nette & d'un clair doré, femblable à de belle eau-de-vie de Coignac; d'autres fois elle eft rouffe, ou d'un verd doré clair; mais il ne faut pas s'obftiner abfolument à une couleur, fur-tout à la dorée, qu'on ne trouve guere à la premiere & à la derniere coupe. Il fuffit que l'eau foit claire & nette, & que le grain s'en détache bien, lorfqu'il cale ou defcend au fond de la taffe. Vous noterez que quand l'eau eft de nature à être rouffe, elle prend & conferve cette couleur après comme avant le terme de la jufte fermentation; mais en général elle eft d'un bon préfage : la fécule s'en égoutte bien, parce que la qualité de cette eau eft propre à former un bon grain, & le bon grain une belle marchandife.

La fabrique d'un pareil Indigo n'offre rien de difficile, & il faut fe bien peu connoître au métier pour manquer une cuve, tandis que les chofes refteront au même état; mais fi le temps change, elles changeront auffi de face. Il ne faut pas s'étonner que trois jours de pluie caufent une différence de deux ou trois heures de moins fur la fermentation; fi au contraire le beau temps continue, la fermentation fera feulement un peu plus longue. On doit être prévenu à ce fujet, que deux ou trois heures de fermentation ne font pas plus d'effet dans les beaux temps, où l'herbe a beaucoup de corps, qu'une heure dans une faifon dérangée où elle en a fi peu.

Ce que nous avons dit dans l'article précédent fur les indices & les erreurs d'une fermentation trop foible ou trop forte, relativement à une herbe de bonne ou foible qualité, ne pouvant caufer qu'une répétition ennuyeufe, nous y renvoyons le Lecteur, & paffons tout de fuite à l'examen d'une herbe qui par elle-même n'exige qu'une fermentation moyenne entre celles des deux premiers articles.

ARTICLE TROISIEME.

L'HERBE qui a fouffert long-temps le fec, fur-tout dans des terreins élevés ou fabloneux, manquant de fubftance, ne préfente à la fermentation qu'un feuillage épuifé & flétri. Ces qualités font caufe que l'eau la diffout affez facilement, & que la fermentation en eft moins longue que la précédente, à moins qu'on ne foit dans un temps froid & fec, auquel cas elle eft toujours, comme nous l'avons dit, beaucoup plus lente.

Les fignes qui accompagnent cette fermentation font auffi béaucoup moins violents; ces fortes de cuves font fujettes à jetter une craffe; le grain en eft mal formé, & il fe montre comme élongé & en forme de pointe, quoique cette figure ne foit pas une circonftance abfolue. Conféquemment à tout ceci, le produit d'une telle herbe eft très-mince, & il arrive fouvent qu'en prolongeant le

INDIGOTIER. Z

temps de fa fermentation, afin d'en tirer parti, on approche trop près de la putride; d'où réfulte la diffolution du grain, une fécule qui ne s'égoutte point, & des fucs craffeux, fignes ordinaires de putréfaction.

L'herbe qui eft paffée ou qu'on n'a pas coupée en fon temps, eft encore plus difficile, fur-tout celle de l'Indigo bâtard, dont on a laiffé nouer la graine. Pour l'amener à fon vrai degré de fermentation & en tirer bon parti, il faut de grandes chaleurs & beaucoup de fcience, fans ces conditions on s'expofe à un travail inutile.

Nous ne pouvons nous difpenfer de joindre à ce Chapitre, la maniere dont on doit fe comporter lorfqu'une cuve embarquée de jour doit être battue pendant la nuit.

Comme il n'y a rien de plus fatiguant que d'être debout pendant une partie de la nuit aux rifques de contracter des maladies dangereufes, & que d'ailleurs on ne peut faire aucun fond fur l'examen de l'eau que la lumiere fait paroître bleue, tandis qu'elle eft verte, & le grain trop peu diftinct pour ceux qui ont la vue courte, on doit fonder fa cuve avant que le foleil fe couche; & fur la comparaifon de fon eau avec celle de la cuve précédente examinée à pareil terme, on fe décidera fur le temps qu'on lui donnera.

Mais s'il eft queftion d'une premiere cuve, on en eftimera la durée par le changement que la fermentation a produit jufqu'à ce moment; après quoi il ne s'agit plus que de confulter la montre, & d'ordonner de lâcher la cuve un peu avant l'heure où l'on fuppofe qu'elle fera parfaite, & ainfi des fuivantes qui feront dans le même cas; l'expérience ayant montré que cette méthode eft préférable à celle de veiller la cuve au rifque égal de la manquer. Mais pour éviter tout inconvénient on doit en réferver le battage au lendemain, parce qu'elle fe perfectionne dans cet intervalle, & qu'on eft en état à la pointe du jour de la traiter convenablement.

Ne peut-on pas ajouter en finiffant ce Chapitre, que fouvent plus les moyens de parvenir à un objet font fimples, plus on néglige de les employer?

En effet, on fe fert d'indices la plupart du temps très-fufpects, pour juger du point important de la fermentation, tandis qu'à l'aide d'un thermometre fufpendu dans la cuve, on pourroit acquérir la connoiffance la plus exacte du progrès & du déclin de la fermentation, qui ferviroit de regle pour chaque qualité d'herbe & chaque température de la faifon, fi on joignoit à cette foible dépenfe, celle d'un barometre & thermometre particuliers, pour obferver le point de la chaleur extérieure, & les variations de l'atmofphere qui influent fi fort fur l'opération, fans toutefois négliger les autres remarques, puifqu'on ne peut apporter trop de précaution pour conferver un bien qui tend à s'échapper de tous côtés.

CHAPITRE SECOND.

Du Battage de l'Indigo.

L E Battage eſt l'opération la plus délicate de toute la manipulation de l'Indigo. Pour répandre ſur un objet ſi intéreſſant toute la lumiere dont il eſt ſuſceptible, & en rendre l'intelligence plus facile, nous allons expoſer dans l'ordre le plus exact qu'il nous ſera poſſible, les inſtructions les plus eſſentielles de la pratique, qui forment comme un corps de regles pour cet Art.

Quand la fermentation & le battage ont été pouſſés à leur juſte degré, la partie jaune ne ſe confond point avec la bleue; ainſi il eſt aiſé de reconnoître ſi ces opérations ſont bien faites, à la couleur de l'eau ambrée, plus ou moins dorée ou paillée, tirant quelquefois tant ſoit peu ſur le verd, & toujours claire; mais une mauvaiſe cuve ne produit jamais de belle eau, & plus elle paroît embrouillée & chargée en brun ou en bleu, plus elle eſt ſuſpecte d'excès de fermentation ou de battage.

L'écume d'une cuve qui n'a point aſſez fermenté, eſt verdâtre, pétillante, légere, mais quelquefois fort groſſe, vive à l'aſperſion de l'huile, & elle eſt ſujette à ſe reproduire & à revenir promptement. Celle dont la fermentation eſt parfaite & qui n'a point encore aſſez de battage, eſt violette dans les coins, légere, ſonore ſous le coup des Buquets, & ſe diſſipe tout d'un coup à l'attouchement de l'huile; mais lorſqu'après avoir parti nettement d'abord, elle vient enſuite à lui réſiſter, c'eſt une marque qu'il faut en arrêter le battage.

Les cuves qui mouſſent beaucoup, dont l'écume épaiſſe ne céde point entiérement à l'aſperſion de l'huile, & dont la partie qui reſte dans les coins, eſt d'un bleu céleſte, dénotent la putréfaction.

L'excès de putréfaction ſe diſtingue toujours par un grain plat & évaſé, qui reſte ſuſpendu entre deux eaux, ou qui ne cale pas bien. Le grain affecte aſſez communément différentes formes ſuivant la diverſité des ſaiſons: le temps pluvieux occaſionne un petit grain plat & évaſé; le temps favorable, un grain rond comme le ſable; les temps de ſéchereſſe, un grain élongé en forme de pointe. L'Indigotier doit avoir attention de ne pas confondre le petit grain plat & évaſé, provenant de la qualité propre de l'herbe, avec celui que le défaut ou l'excès de fermentation d'une bonne herbe rendent à peu-près ſemblables; car s'il attribue mal-à-propos la foibleſſe ou petiteſſe naturelle de ce grain à l'une ou l'autre de ces circonſtances accidentelles, il court riſque, en ménageant trop le battage comme pour une herbe trop fermentée, de n'en pas tirer tout le parti qu'il pourroit, & en le forçant comme s'il manquoit de fermentation, de perdre totalement la cuve, ou d'en altérer conſidérablement lep roduit.

L'Indigotier obſervera encore que toute diſſolution du grain , principalement celle qui eſt cauſée par excès de battage , occaſionne toujours une craſſe noirâtre ou ardoiſée ſur les ſacs dans leſquels on met la matiere à s'égoutter , & que la diſſolution putride ſe manifeſte ſur la cuve après le battage , par une pellicule blanchâtre , d'un luiſant plombé qui ſuit & enveloppe la fécule juſques dans les ſacs , dont elle bouche les paſſages en les couvrant d'un ſemblable enduit. Ainſi il regardera en général la craſſe d'un brun ardoiſé , comme l'effet d'un grain diſſous par trop de battage , & la pellicule blanchâtre ou plombée , comme provenant d'un excès de fermentation. Or , comme la putréfaction s'opere non-ſeulement par un trop long ſéjour de l'herbe dans la Trempoire , mais encore pendant le cours d'un trop long battage , qui du moins en produit tout l'effet ; il n'eſt point ſurprenant de voir les ſacs d'une cuve trop battue , couverts d'une craſſe ardoiſée entremêlée de veines plombées.

La pellicule qui ſe produit ſur la Batterie , n'annonce au reſte la putréfaction que dans les cas où elle ſe diviſe quelque temps après le battage , en petites pieces qu'on appelle *Crapeaux* ou *Caillebottes.*

On donne auſſi quelquefois pour marque d'une cuve qui manque de fermentation ou d'un battage ſuffiſant , l'enduit cuivré dont les ſacs ſont couverts ; mais il n'y a guere que celui qui fait l'Indigo qui puiſſe en diſtinguer la cauſe , ſi ce n'eſt dans les cas où le cuivrage eſt entremêlé de veines ardoiſées ou plombées ; tous ces ſignes , ſur-tout le dernier , étant fort douteux & incertains , parce que l'indice de la craſſe plombée eſt ſujette à pluſieurs exceptions dont nous parlerons à meſure que l'occaſion s'en préſentera. L'Indigo molaſſe , c'eſt-à-dire , ſans aucune conſiſtance , après qu'on l'a verſé dans la caiſſe , prouve auſſi un vice , ſoit dans la fermentation , ſoit dans le battage.

Le défaut de l'Indigo , qui étant ſec devient friable , ou s'écraſe aiſément , provient , quand d'ailleurs la qualité n'en eſt pas mauvaiſe , de la coupe d'une herbe qui n'étoit pas aſſez mûre , ou de la foibleſſe du battage d'une cuve dont l'herbe n'avoit pas aſſez fermenté ; mais la pâte d'un Indigo tout noir & celle d'un Indigo ardoiſé , picotté de blanc , d'un grain ſuivi ou ſans liaiſon , dénote toujours un excès de fermentation ou de battage.

L'Indigotier tiendra pour maxime invariable , que ſi l'herbe eſt déja un peu trop fermentée , il doit en ménager le battage ; que ſi elle ne l'eſt pas aſſez , il doit le pouſſer ; & que ſi la cuve eſt à ſon juſte point , il ne doit point le forcer.

Il obſervera de plus que le battage ſe regle non-ſeulement ſur la fermentation , mais encore ſur la qualité de l'herbe. Ainſi , quoiqu'il convienne en général de pouſſer le battage d'une herbe qui n'a point aſſez fermenté , il faudra cependant le ménager un peu lorſque l'herbe eſt affoiblie par les pluies ou l'humidité de ſon terrein. Il ſuivra la même regle à l'égard d'une herbe qui a éprouvé trop de ſec , en tenant un milieu entre celui de la bonne herbe & d'une herbe qui a eſſuyé trop de pluie ; il en conclura enfin que , hormis les régles qui ſont propres à

ces

ces fortes de cas particuliers, on doit en général conformer le battage à la fermentation, c'est-à-dire, que si une herbe est de qualité à exiger une longue fermentation, on doit pareillement lui donner un long battage, quand d'ailleurs elle a éprouvé la juste fermentation dont elle a besoin. On en agira ainsi proportionnellement à l'égard de celle qui demande une moins longue digestion. On doit répéter à cette occasion, que plus les chaleurs sont fortes, plus l'herbe aussi a de corps & de substance, & que la longueur de son séjour dans la cuve par rapport à sa qualité, ne doit pas se confondre avec celle qui est causée par le refroidissement de l'air, dont la continuation affoiblit insensiblement le corps de la plante, qui demande en ce cas moins de battage, quoiqu'elle reste dans la Trempoire aussi long-temps que l'autre ; mais si elles ont autant de corps l'une que l'autre, il est visible que la derniere doit cuver plus long-temps, quoiqu'il ne faille leur donner qu'un battage égal.

Ce rapport évident du battage à la fermentation & à la qualité de l'herbe, occasionne différentes combinaisons & par conséquent divers traitements dont le détail nous engage à partager ce Chapitre en trois articles.

Dans le premier, nous supposerons trois cuves prises également à leur juste point de fermentation, dont la premiere contiendra une herbe de bonne venue, la seconde, une herbe altérée par les pluies, & la troisieme par le sec. Nous y joindrons les indices particuliers à la Batterie, propres à faire connoître ces différentes circonstances & le battage qui leur convient.

Nous représenterons dans le second article, trois cuves d'herbe semblables à celles de l'article précédent, mais qui toutes trois n'ont point assez fermenté.

Nous exposerons dans le troisiéme article les mêmes objets relativement à une fermentation peu excédée, ou dont la putréfaction n'est qu'ébauchée.

Article Premier.

Du Battage d'une herbe qui a bien cuvé.

L'Indigotier qui traite une cuve de bonne herbe prise à son juste degré de fermentation, doit bien se garder d'en forcer le battage ; car pour peu qu'il en donne trop, il ôte son plus beau lustre à l'Indigo. Le moyen de ne pas l'excéder, est d'observer exactement le grain lorsqu'il est sur son gros, ou que les parties éparses commencent à s'accrocher & à former de petites masses ; c'est alors qu'il doit examiner l'effet du raffinage, ou la diminution que l'agitation du Buquet occasionne sur elles : car peu après leur plus grand amas, leur étendue change de forme & de volume ; elles se resserrent, s'arrondissent & s'appésantissent de maniere à rouler les unes sur les autres comme des grains de sable fin, au fond de la tasse où elles calent en se dégageant distinctement de la liqueur, qui doit paroître alors claire & nette : les particules du grain les plus subtiles qui couvrent

Indigotier. A a

le fond de la taſſe cherchent , quand on la penche , à rejoindre le gros grain ,
& en laiſſent le côté le plus élevé bien net & ſans aucune craſſe ; c'eſt ce qu'on
appelle *faire la preuve*. On fait encore cette preuve d'une autre maniere ; on
met le pouce dans la taſſe , lorſqu'elle eſt penchée & preſqu'à moitié pleine ,
ſur l'endroit où l'eau eſt le plus bas ; ſi elle remonte tout d'un coup vers le bord
qui eſt nud & découvert , c'eſt un pronoſtic du ſuccès de la cuve. Cet effet ſe
manifeſte encore plus clairement quand on appuie le pouce un peu ferme ſur
le fond de la taſſe.

L'écume entre auſſi dans la claſſe des indices ; en effet , quand l'herbe eſt
bien fermentée & bien battue , l'écume qui participe aux qualités de l'extrait ,
en eſt légere , vive , pleine de groſſes empoules pétillantes , & lorſqu'on jette
de l'huile deſſus , dans le cours du battage , elle ſe diſſipe ſur le champ avec un
certain frémiſſement ſec & très-facile à diſtinguer de loin ; enfin elle diſparoît
naturellement d'elle-même , lorſque le battage ayant été amené à ſa perfection ,
on laiſſe la cuve tranquille. Si au contraire une demi-heure ou une heure après
qu'il eſt ceſſé , il reſte comme une petite bordure d'écume tout autour du quarré
de ce vaiſſeau , c'eſt une marque que l'herbe n'a point aſſez fermenté. Mais ſi
on force le battage lorſqu'il eſt parfait , on détache les parties les plus légeres
du grain , & on rompt celles qui ont le moins de liaiſon. De la diviſion des premieres , il réſulte un grain volage qui reſte entre deux eaux & s'écoule en pure
perte , & de la diviſion des ſecondes un dépôt qui remplit les intervalles du gros
grain , & s'oppoſe à ſon épurement dans la cuve & dans les ſacs dont il bouche
les iſſues en enduiſant les dehors d'une craſſe ardoiſée qu'on ne voit point ſur
ceux d'une cuve fermentée & battue à propos , dont les ſacs ſont toujours ſecs
& bien nets. De-là vient une caiſſe de fécule liquide qui , avant d'avoir acquis
ſa conſiſtance , éprouve tous les inconvéniens dont nous avons parlé à la fin de
la deſcription de la manipulation , diminue de moitié & ne produit qu'un Indigo
de peu de valeur.

Ainſi il vaut mieux pécher par défaut de battage que par excès ; car , ſi ce
défaut cauſe une diminution ſur le produit , la qualité de ce qui reſte le fera
du moins eſtimer & paſſer parmi le bon ; d'ailleurs on peut remédier à ce défaut ,
comme nous le ferons voir à la fin de ce Chapitre.

Si l'Indigotier traite une cuve d'herbe venue dans un terrein humide , dont il ait
heureuſement rencontré le juſte point de fermentation , il doit beaucoup diminuer du battage de la précédente , crainte d'altérer & de détruire la foible liaiſon de ſon grain ; du reſte il ſe rappellera ce que nous avons dit dans l'Intro-
duction de ce Chapitre , au ſujet de l'eſpece de reſſemblance qu'a naturellement
le petit grain de cette herbe avec celui d'une bonne herbe trop ou trop peu fermentée , & il en arrêtera le battage dès qu'il verra le grain formé & l'eau bien
nette. S'il travaille ſur une herbe qui ait éprouvé trop de ſec , ou dont le temps
de la coupe ſoit paſſé , & qu'il parvienne à l'amener à ſon juſte point de

fermentation, il en modérera le battage, ainsi que nous avons dit, afin de ménager la foible liaison d'un grain apauvri, qu'il trouvera d'ordinaire élongé en forme de pointe; au reste il se servira des indices ci-dessus pour en arrêter le battage.

Article Second.

Du Battage d'une herbe qui n'a pas assez fermenté.

La crainte où l'on est d'excéder la fermentation, fait qu'on en atteint rarement le juste point; il est aisé de reconnoître ce cas par l'écume de la Batterie qui est verdâtre, le plus ordinairement légere, quelquefois cependant fort grosse, mais qui disparoît dans le moment qu'on y jette de l'huile. Cette écume est sujette à se reproduire bientôt, & il en reste souvent dans les coins qui paroît d'un violet foncé; mais il ne faut pas s'en inquiéter, & se porter sur la foiblesse du grain, suspect en apparence d'un excès de fermentation, à en ménager le battage; on doit au contraire, si l'herbe est de bonne qualité, le pousser quelquefois jusqu'à n'en plus voir du tout, & jusqu'à ce qu'il s'en présente un autre bien formé avec une eau bien nette; cette eau sera alors le plus souvent d'un verd clair ou d'une couleur rousse comme de la bierre, d'autant plus foncée que la fermentation aura été plus foible: au reste les sacs en seront bien nets. Mais si par égard à sa foiblesse, on ménage ce petit grain errant, qui ne demande qu'une façon de plus pour se délivrer des obstacles qui s'opposent à une jonction plus considérable; ce défaut d'apprêt occasionnera la perte de quantité de principes non formés qui s'écouleront lorsqu'on lâchera la cuve, une imperfection de liaison dans le grain, qui en rendra le dépôt très-difficile à égoutter, & l'Indigo qui en proviendra, friable au moindre choc; défaut auquel est sujette la fécule d'une herbe qui n'a point assez cuvé, & dont l'extrait n'a point été assez battu. On appercevra après le battage une eau verte qui provient des sucs que la foiblesse de cette opération a laissés dans leur état naturel, & les sacs seront cuivrés. Ce dernier indice sert à faire connoître si l'eau verte de la cuve provient d'un ménagement de battage ou d'un excès de fermentation, ce qui est de conséquence pour régler le battage suivant.

Si par la circonstance d'un terrein bas & humide, ou par celle de la saison pluvieuse, on vient à travailler sur une herbe dont la qualité suspecte d'une dissolution insensible, oblige de prévenir le juste point de sa fermentation, les foibles obstacles qui s'opposent à la liaison des parties sont bientôt dissipés, & le grain qui par la qualité de cette herbe est naturellement petit, ne tarde pas à se former. Ces deux circonstances, qui peuvent faire présumer qu'il n'est point encore à sa perfection, sont souvent cause qu'on en excede le battage, quoiqu'il soit déja parfait. Mais on préviendra les inconvéniens de cette méprise, en visitant la cuve de bonne heure & en cessant de la battre dès que le grain en fera fuffifamment formé , que l'eau s'en féparera nette , & fur-tout, fi l'on s'apperçoit que l'écume réfifte à l'huile.

Lorfqu'on doit battre une cuve d'herbe ravagée par la Chenille, dont on auroit retranché jufqu'à une ou deux heures de fermentation , par la crainte d'en altérer la qualité , il faut auffi en ménager le battage , & fe donner de garde d'en trop rafiner le grain ; car la craffe qu'elle aura pu jetter fur la Trempoire , annonce une difpofition prochaine à la diffolution putride , avec tous les inconvénients qui en réfultent. Les facs de cet Indigo feront cuivrés comme ceux de toutes les cuves qui manquent de fermentation , & dont on a épargné le battage.

Enfin s'il eft queftion de battre une cuve d'herbe qui ait effuyé une trop longue féchereffe , ou dont on a laiffé paffer le temps de la coupe , & dont on ait arrêté trop-tôt la diffolution , on en forcera raifonnablement le battage , & on fe fervira des indices ordinaires pour en régler la mefure.

ARTICLE TROISIEME.

Du Battage d'une herbe dont la diffolution eft excédée d'une ou deux heures dans les beaux temps.

Il eft important de ne pas confondre le grain plat & embrouillé d'une cuve de bonne herbe qui a trop de pourriture , avec celui de la même herbe qui n'a point affez fermenté , ou d'une herbe de mauvaife qualité , quoique bien fermentée , ou encore d'une cuve trop battue. On connoîtra l'état & le vice de celle dont nous parlons, par fon écume graffe & épaiffe que l'huile ne fait prefque point diminuer, & par celle qui s'amaffe dans les coins de la Batterie, dont la couleur eft d'un bleu célefte, par fon grain évafé & qui fe forme beaucoup plus vîte qu'à l'ordinaire, de même que par fon eau plus ou moins chargée de bleu , laquelle ne peut dans la taffe ni dans le vaiffeau, même après le battage, fe clarifier & fe féparer comme celle d'une bonne cuve , & qui brunit de plus en plus à mefure qu'on pourfuit ce travail. Sur ces remarques, preuves infaillibles de fon excès , & fur la conformité que la cuve peut avoir avec ces indices , l'Indigotier doit prendre toutes fes précautions , & mefurer le battage en conféquence. Voici ce qu'il obfervera dès que le grain fera fur fon gros : il ne faut pas qu'il quitte la taffe, parce que chaque coup de Buquet y fait impreffion. Lorfqu'il a trouvé le moment où le grain eft paffablement rond, il doit ceffer le battage, fans chercher à rafiner ou refferrer la liaifon de fes parties. Quand il eft parvenu à ce terme , il trouvera que l'eau brunit dans la taffe à vue d'œil à mefure qu'elle fe repofe ; cela n'empêchera pas qu'elle ne foit verte & brune dans la cuve, à l'exception de la fuperficie fur laquelle il fe forme une efpece de crême ou glacis qui la couvre quelques heures après le repos , & fe divife enfuite en pieces qu'on appelle *Caillebottes.* C'eft là d'où provient cet enduit plombé

qui

qui paroît fur les facs, qu'on doit attribuer ici à la diffolution des parties, caufée par excès de fermentation, dont l'effet eft de remplir tous les intervalles du grain le mieux formé, & de l'empêcher de s'égoutter; c'eft pourquoi dans toutes ces rencontres on tâche d'enlever, autant qu'il eft poffible, cette craffe avec une plume ou fougere de mer. Malgré ces précautions & la bonne qualité de l'herbe, on ne peut fouvent en tirer qu'un Indigo terne ou ardoifé & de mauvaife confiftance. Cette craffe fur les facs dénote une heure d'excès de fermentation & même deux ou trois, fi l'on eft dans la belle faifon où l'herbe produifant une plus grande quantité d'efprits, l'action des autres principes qui tendent à la putréfaction complette, eft plus long-temps fufpendue.

L'eau qui après le battage paroît brune, eft une preuve infaillible de putréfaction. Il y a encore une efpece de putréfaction dont les indices font différens de ceux-ci : on trouve après le battage une eau clairette ; on a même quelquefois bien de la peine à s'appercevoir de fon vice : l'eau refte nette & fans craffe. Ces fortes de cuves écument beaucoup & font faciles à battre, parce que le grain fe forme promptement ; mais elles font difficiles à égoutter.

S'il eft queftion d'une herbe de foible qualité déja paffée en putréfaction, rarement fera-t-elle en état de fupporter le battage ; ainfi il fera nul ou le plus foible de tous, & l'Indigo, fi on en retire de cette cuve, fera de plus mauvaife qualité.

Si l'herbe eft de l'efpece de celles qui ont fouffert le fec, ou dont le temps de la coupe foit paffé, & qu'on en ait laiffé effleurer la putréfaction, on en ménagera finguliérement le battage.

Nonobftant tous ces foins, on ne doit s'attendre à rien de bon de ces fortes de cuves. Si cependant la pourriture n'eft excédée que d'une ou deux heures dans les beaux temps, ce défaut n'occafionnera que la perte de quelques livres d'Indigo, & fa qualité en fouffrira très-peu.

On peut comprendre, d'après tout ce que nous avons dit dans le cours de cet Ouvrage, combien il eft important de ne pas confondre les indices, afin de ne pas diminuer ou augmenter le battage au lieu de la fermentation, & la fermentation au lieu du battage ; & afin de juger fainement des cas où l'on doit recommencer cette derniere opération. Un Indigotier peut fe rencontrer dans le cas de recommencer le battage d'une cuve qu'il aura craint de trop pouffer, foit qu'il ait foupçonné mal à propos fon herbe d'être trop fermentée, tandis qu'elle ne l'eft pas affez, & que faute d'un battage convenable le grain tarde trop long-temps à fe préfenter ; foit qu'il paroiffe d'une foibleffe ou d'un embrouillement propre à faire croire qu'il a déja trop fouffert du Buquet : on peut alors fufpendre le battage, & laiffer repofer la matiere une ou deux heures, afin de s'en éclaircir plus amplement par la qualité de l'eau. Si au bout de ce temps, pendant lequel la fermentation fe perfectionne, on remarque une eau chargée fur le verd & un filet d'écume tout autour de la cuve, comme

Indigotier.   B b

celle d'un pot qui commence à bouillir, il convient de recommencer le battage : fous peu il renaît un fecond grain bien plus gros que le premier ; mais comme il eft d'abord plat & informe, on le rafine & on l'arrondit à force de battage. L'eau, de quelque couleur qu'elle foit, s'en fépare alors nette & claire, & s'égoutte enfuite parfaitement. On n'ufera cependant de ce moyen que dans le cas où l'on obfervera une eau d'un verd tirant fur le jaune, ou d'un roux qui fera d'autant plus fort que le degré de fermentation aura été plus foible. Mais comme cette couleur qui eft d'un bon préfage, fe rencontre quelquefois avec la plus jufte fermentation, & même en certaines circonftances avec la putréfaction, l'Indigotier fe rappellera s'il n'a apperçu qu'une légere écume fur la cuve lors du battage, & fi elle eft partie nette lorfqu'on l'a ceffé. Ces remarques, jointes à celles du grain informe & errant, indiquent un fecond battage ; mais il ne doit pas faire partir un premier grain pour en faire venir un fecond, fi, après le terme de fon repos, l'eau paroît d'un brun bleuâtre fur un fond verd : ces couleurs annoncent un excès de fermentation & la néceffité d'un foible battage qu'il a reçu & auquel on doit fe borner ; car la couleur bleue répandue dans la cuve, provient d'une partie du grain trop affoibli par la fermentation & diffous par le battage, ce qui en détermine le ménagement. La couleur verte prouve que la putréfaction & le battage ne font point achevés, puifqu'il exifte encore des fucs qui n'auroient point cette couleur fi là pourriture étoit exceffive, ou fi par un battage convenable à leur qualité, ils avoient acquis la forme de grain.

Il n'eft point étonnant que la multiplicité de tant d'obftacles faffe quelquefois échouer le plus habile Indigotier, & à plus forte raifon ceux qui n'ont pas autant de fcience ; c'eft pourquoi quelques-uns ont imaginé deux moyens pour ne pas perdre entiérement le fruit de leurs travaux, foit qu'ils ayent erré dans la fermentation ou dans le battage.

L'un eft de remettre l'eau ou l'extrait entier d'une cuve trop battue fur la cuve d'herbe fuivante, dans l'efpérance de rendre le produit de celle-ci plus confidérable. J'ignore le fuccès de cette expérience ; mais je préfume qu'elle n'a conduit à rien de bon, & je penfe qu'on ne doit jamais rifquer de gâter une feconde cuve pour réparer la perte de la premiere.

L'autre moyen ufité par quelques-uns, eft de faire écouler par le premier daleau de la Batterie, toute l'eau embrouillée qui fe préfente à cette hauteur ; ils réfervent le refte qui eft toujours beaucoup plus épais, le tranfvafent dans une chaudiere mife fur le feu, & en font évaporer la plus grande partie. Quand cette matiere, qui répand une odeur fort défagréable, eft un peu épaiffie, ils la mettent dans les facs qui rendent d'abord une eau extrémement rouffe ; au bout de vingt-quatre heures ils l'étendent fur les caiffes, fans qu'elle ait beaucoup perdu de fa fluidité ; lorfqu'elle a été expofée quelques jours au foleil, elle fe fend comme de la boue, mais ils ont foin de la réunir avec la truelle ; enfin ils la coupent par carreaux, qui deviennent enfuite fi durs, qu'il eft impoffible de les rompre avec la main, & leur fraɐure ne préfente qu'un noir foncé.

Ce produit après tant de peine & de travail, paroît fi ingrat & fi dégoûtant, que prefque tous ceux qui manquent une cuve, préferent de l'écouler entiére-ment fur le champ; l'infeɐion que répand une cuve trop pourrie, doit les engager à n'y avoir aucun regret.

Obfervation fur l'ufage des Mucilages dans la Fabrique de l'Indigo.

Lorsque nous avons rapporté dans le fixieme Chapitre du Liv. I, *pag.* 36 & 37, les différents moyens qu'on a imaginés pour précipiter la fécule de l'Indigo, nous avons particuliérement cité le Bois-canon ou trompette, la racine de Sénapou ou de Bois à enivrer, & nous avons rapporté la propriété de leur mucilage pour cet objet. Nous avons ajouté dans la Note qui eft au bas de la page 37, que les gouffes du Gombeau fourniffoient auffi en décoɐion, l'on peut même dire fans décoɐion, une matiere mucilagineufe qui nous paroît très-propre à remplacer le Bois-canon; nous aurions pu y joindre l'Herbe à balai, puifqu'elle contient un mucilage qui produit le même effet, lorfqu'on en mâche un brin & qu'on laiffe tomber la falive mêlée avec fon fuc dans la taffe, pour connoître les pro-grès de la fermentation, &c. Au furplus je n'ai point vu ni entendu dire à Saint-Domingue, où il fe fabrique encore une grande quantité d'Indigo, qu'on ait fait ufage de cet ingrédient ni des autres, pour précipiter la fécule d'une cuve en-tiere. Nous ne doutons cependant pas de fon efficacité; mais nous n'en croyons pas l'emploi auffi avantageux que quelques perfonnes venues de Cayenne, & qui n'en ont vu que fuperficiellement la manipulation dans des demi-barriques, le prétendent: car pour tirer tout le grain qui peut fe former dans une cuve, il faut la battre, & quand elle eft battue convenablement, tout ce que l'extrait contient de principes propres à donner de l'Indigo, fe transforme entiérement en grain; dans ce cas il n'eft plus néceffaire de recourir à l'artifice pour le préci-piter, puifqu'il cale de lui-même au bout de deux heures ou quatre tout au plus, & que pendant ce temps il eft indifférent que la Batterie foit vuide ou pleine, puifqu'en fuppofant qu'on embarque de nouvelle herbe dans la Trempoire auffi-tôt qu'on a tiré la précédente, on a au moins dix à douze heures à courir avant qu'elle foit bonne à larguer ou à couler. Mais fi l'on verfe le mucilage dans l'extrait avant qu'il ait reçu un battage convenable, & capable de produire tout l'effet que nous avons dit ci-deffus; le réfeau que forme le mucilage, n'en-traînera que les parties de l'Indigo formé fur lefquelles il peut avoir prife, & il n'y a pas d'apparence qu'il transforme en grain les principes de l'Indigo que le battage auroit réduits fous cette forme; ainfi dans ce fecond cas l'addition du mu-cilage ne préfente point encore un avantage réel; au contraire, cette matiere gluante qui fe précipite avec la fécule qu'elle entraîne, doit la rendre très-difficile à égoutter, & il n'eft pas même bien sûr qu'en prenant la précaution de la faire fécher en tablettes très-minces, fa qualité n'en fût pas altérée. Mais nous penfons qu'on pourroit fe fervir utilement des mucilages lorfqu'on a trop laiffé fermenter une herbe, & qu'on eft obligé d'en ménager le grain qui ne peut fouffrir un long battage; ou quand, par un excès de battage, on a diffous le grain qu'il feroit impoffible de retenir fans cet expédient, qui nous paroît alors très-convenable & bien fupérieur à tous ceux que nous avons rapportés avant d'entamer ce dernier article.

TABLE

Des Noms, Qualités & Prix de l'Indigo.

LES habitants de Saint-Domingue diftinguent les qualités de l'Indigo de la maniere fuivante, & l'eftime qu'ils en font eft relative à l'ordre dans lequel nous allons les expofer.

Le *Bleu* flottant ou nageant fur l'eau, dont le grain tendre & peu ferré forme une fubftance légere & très-inflammable.

Le *Violet*, qui a un peu plus de confiftance.

Le *Gorge de pigeon*, dont l'éclat approche d'un violet purpurin, eft encore plus folide.

Le *Cuivré*, ou celui qui a l'apparence d'un cuivre rouge quand on paffe l'ongle fur un morceau qu'on vient de rompre, eft le plus ferme de tous.

L'*Ardoifé* & le *Terne picotté de blanc*, compofés d'un grain fuivi ou fans liaifon, font les dernieres qualités.

Nous ne faifons point entrer dans ce rang l'Indigo dont la pâte eft entremêlée de veines ardoifées, parce qu'à proprement parler cette efpece intermédiaire ne forme point une qualité décidée.

Prix en France des différentes qualités d'Indigo, extrait de la Gazette d'Agriculture, Commerce, Arts & Finances, du 23 Janvier 1770.

INDIGO bleu & violet de S. Domingue, 8 liv. 10 f. à 9 liv. ⎫
dito mêlé . . . . 7 . . . 5 . . à 8 . . 5 f. ⎬ à Bordeaux.
dito cuivré fin . . . . 6 . . 15 . . . . ⎪
dito ordinaire . . . . 6 . , . 8 . . à 6 . . . 10 ⎭

Indigo cuivré fin . . . . 6 liv. 10 f. à 6 liv. 15 f. ⎫
dito cuivré ordinaire . . . . 6 . . . 8 . à 6 . . 10 ⎬ à Nantes.
dito mélangé . . . . 8 . . . . . à 9 . . . . ⎪
dito bleu . . . . 10 . . . . . à 11 . . . ⎭

II

IL nous vient quelquefois de l'Etranger des Indigos dont j'ignore le prix ; les uns ont des noms relatifs à leurs qualités , & les autres aux lieux de leur fabrique. De ce premier nombre font le *Laure* , le *Flor* , le *Corticolor* , le *Sobrefaliente* , &c ; & du fecond , font l'Indigo dit *Guatimalo* , du crû de l'Amérique ; le *Java* , le *Bayana* , & tous ceux que nous avons cités dans le fixieme Chapitre du premier Livre , en parlant de la culture & de la fabrique de l'Indigo dans les différentes parties de la haute Afie & des Ifles adjacentes.

F I N.

INDIGOTIER.

EXPLICATION DES FIGURES
CONCERNANT L'ART DE L'INDIGOTIER.

PLANCHE PREMIERE.

Figure premiere.

INDIGO élevé en France, calqué fur la figure d'après nature, inférée dans les Mémoires de l'Académie des Sciences, année 1718, *page 92.*

Figure 2.

Feuille d'une efpece d'Indigo du Sénégal, dont M. Adanfon, de l'Académie des Sciences, nous a dit avoir toujours tiré un Indigo bleu flottant, d'une couleur approchant de l'azur.

Figure 3.

Gouffe ou filique de l'Indigo dont nous venons de parler dans l'explication de la figure 2.

Figure 4.

Efpece d'Indigo rampant qui croît au Bréfil & dans la nouvelle Efpagne, dont on a copié la figure dans l'Hiftoire Naturelle du Bréfil, par Pifon, Liv. 4, *page* 198. Tréfor des Matieres Médicales, Liv. 4, *page* 109, & en quelques Editions, *pages 57 & 58.*

Figure 5.

Efpece d'Indigo riche & précieux de la terre ferme de l'Amérique, dont il découle un fuc bleu lorfqu'on rompt la plante copiée dans Pifon comme ci-deffus.

PLANCHE II.

Figure 1.

INDIGO nommé *Ameri* : Jardin Indien Malabare, par M. Rhede, Tome 1, figure 54.

Figure 2.

Indigo nommé *Colinil*, dont les filiques font recourbées : Jardin Indien Malabare, par M. Rhede, Tome 1, figure 55.

PLANCHE III.

Figure 1.

INDIGO nommé *Tarron.* Herbier d'Amboine , par Rumphe , cinquiéme Partie, Chap. 39 , *page* 220.

Figure 2.

Rameau & filiques de grandeur naturelle , détachées de la plante ci-deffus.

PLANCHE IV.

Figure 1.

PERSPECTIVE d'une Indigoterie fimple , dont la Pourriture eft chargée & barrée , & la Batterie montée & prête à battre au Buquet.

A , Trempoire ou Pourriture , vaiffeau où l'on met l'herbe à fermenter.

B , Batterie , vaiffeau où l'on bat l'extrait.

C , Repofoir , troifiéme grand vaiffeau , ou efpece d'enclos qui fert à renfermer le Baffinot ou Diablotin *K* , *fig.* 4 & 5 , & le Ratelier *U* , *fig.* 1 , 4 & 5 , auquel on fufpend les facs remplis de la fécule de l'Indigo.

D , Poteaux ou Clefs de la Trempoire.

E , Daleau de la Trempoire , qui fe débouche quand l'herbe a fermenté fuf-fifamment.

F , Daleaux de la Batterie , qui s'ouvrent les uns après les autres après le bat-tage & le repos de l'extrait.

G , Barres des Clefs de la Trempoire.

H , Travers ou Barres de la Pourriture qui appuyent fur les Paliffades *I* , *Voy.* *fig.* 4.

I , Paliffades ou planches de Palmifte couchées fur l'herbe quand la cuve eft chargée ou pleine. *Voyez fig.* 4.

L , Efcalier du Repofoir.

M , Caiffon du Buquet *M O* , avec lequel on bat l'extrait.

N , Fourches ou Chandeliers des Buquets.

O , Manche du Buquet *M O*.

Q , Daleau quarré du Repofoir. Ce Daleau qui eft toujours ouvert , répond au canal de décharge nommé *la Vuide.*

U , Ratelier où l'on fufpend les facs pleins de la fécule de l'Indigo.

Figure 2.

Perfpective de l'échaffaudage dreffé fur un puits d'Indigoterie pour en tirer l'eau & remplir la Pourriture après qu'elle a été chargée & barrée.

a , Fourche de la Bafcule.

b, Chevron qui forme la Bafcule.

e, Echaffaud.

f, Fouet ou cordage du Seau.

g, Dale ou Gouttiere qui conduit l'eau à la Cuve.

m, Negre qui prend un Seau pour en verfer l'eau dans la Gouttiere.

n, Negre qui fait monter un Seau qui eft attaché à un des bras de la Bafcule.

p, Puits de l'Indigoterie.

Figure. 3.

Perfpective de la Sécherie & des Établis fur lefquels on met les caiffes rem-plies de l'Indigo qu'on veut faire fécher.

r, Bâtiment de la Sécherie.

t, Établis qui fe prolongent fort avant dans l'intérieur du Bâtiment.

On trouvera à la Planche 5 & dans fon explication, tout ce qui concerne le détail de ces deux objets.

Figure 4.

Plan géométral d'une Indigoterie fimple, dont la Pourriture eft chargée & barrée, & la Batterie montée & prête à battre au Buquet.

L'Échelle qui eft fur la Planche en indique les proportions.

A, Trempoire ou Pourriture, vaiffeau où l'on met l'herbe à fermenter.

B, Batterie, vaiffeau où l'on bat l'extrait fortant de la Pourriture.

C, Repofoir, troifieme grand vaiffeau ou efpece d'enclos qui fert à renfermer le Baffinot ou Diablotin *K*, & le Ratelier *U*, auquel on fufpend les facs rem-plis de la fécule de l'Indigo.

D, Poteaux ou Clefs de la Trempoire.

E, Daleau de la Trempoire, qui fe débouche quand l'herbe a fermenté fuffifamment.

F, Daleaux de la Batterie, qui s'ouvrent les uns après les autres après le bat-tage & le repos de l'extrait.

G, Barres des Clefs de la Trempoire ou Pourriture.

H, Travers ou Barres de la Pourriture, qui appuyent fur les Paliffades *I*.

I, Paliffades ou planches de Palmifte couchées fur l'herbe quand la Cuve eft chargée.

K, Diablotin ou Baffinot qui reçoit la fécule fortant de la Batterie.

L, Efcalier du Repofoir.

M, Caiffon du Buquet *M O*, avec lequel on bat l'extrait.

N, Fourches ou Chandeliers des Buquets.

O, Manche du Buquet *M O*.

P, Petite forme ou foffette qui fe trouve au fond du Diablotin *K*.

Q, Daleau quarré du Repofoir. Ce daleau qui eft toujours ouvert, répond au Canal de décharge nommé *la Vuide*.

U,

U, Ratelier auquel on fufpend les facs remplis de la fécule de l'Indigo.

V, Fond du Repofoir.

Figure 5.

L'Echelle qui eft fur la Planche en indique les proportions.

Coupe verticale d'une Indigoterie.

A, Trempoire ou Pourriture, vaiffeau où l'on met l'herbe à fermenter.

B, Batterie, vaiffeau où l'on bat l'extrait fortant de la Pourriture.

C, Repofoir, troifiéme grand vaiffeau ou efpece d'enclos qui fert à renfermer le Diablotin *K* & le Ratelier *U*, auquel on fufpend les facs remplis de la fécule de l'Indigo.

D, Poteaux ou Clefs de la Trempoire.

E, Daleau de la Trempoire, qui fe débouche quand l'herbe a fermenté fuffi-famment.

F, Daleaux de la Batterie, qui s'ouvrent les uns après les autres après le battage & le repos de l'extrait.

G, Barres des Clefs de la Trempoire.

K, Diablotin ou Baffinot qui reçoit la fécule fortant de la Batterie.

L, Efcalier du Repofoir.

N, Fourches des Buquets.

P, Petite forme ou foffette qui fe trouve au fond du Diablotin *K*.

Q, Daleau quarré & toujours libre, qui répond au canal de décharge nommé *la Vuide.*

U, Ratelier auquel on fufpend les facs remplis de la fécule de l'Indigo.

V, Fond du Repofoir.

X, Les Bondes de bois dans lefquelles on perce les trous des Daleaux.

Figure 6.

Cette figure repréfente la taffe d'argent dont on fe fert pour faire la preuve, c'eft-à-dire, pour examiner l'état du grain qui fe forme dans l'extrait pendant la fermentation, & qui fe perfectionne par le battage.

Figure 7.

Cette figure repréfente le cornichon qui eft compofé d'un bout de corne de bœuf ajufté à un manche de bois. Cet inftrument fert à puifer au fond de la Pour-riture & de la Batterie, un peu de l'extrait qu'on verfe dans la taffe *fig. 6*, ou dans la cuve même, lorfqu'on veut fimplement connoître par l'épaiffiffement de la liqueur, les progrès de la fermentation.

INDIGOTIER.   D d

Figure 1.

U, Ratelier, aux crochets duquel on suspend les Sacs *Z* pleins de la fécule de l'Indigo, mise à égoutter.

Figure 2.

Truelle fine pour accommoder l'Indigo dans les caisses.

Figure 3.

A, Caisse à Indigo vuide, vue dans ses proportions.

Figure 4.

A, Caisse nouvellement remplie d'Indigo.

Figure 5.

A, Caisse pleine d'Indigo qui commence à sécher.

Figure 6.

Cette figure représente un Vaisseau détaché, où l'on bat l'Indigo à la maniere des Indes, décrite par MM. Tavernier & Pomet.

B, Batterie ou vaisseau dans lequel on bat l'Indigo.

G, Godets ou Seaux ouverts par en bas, & attachés à l'arbre de la Batterie. *Voyez G*, *fig.* 7.

1, Indiens qui donnent le mouvement à l'Arbre & aux Godets, par le moyen d'une Manivelle.

R, Arbre de la Batterie.

T, Daleaux de la Batterie.

Figure 7.

B, Coupe de la Batterie, *fig.* 6.

G, Godets ou Seaux ouverts par en bas.

R, Arbre de la Batterie.

Figure 8.

Cette figure représente la Sécherie. Ce Bâtiment couvre une partie des Établis sur lesquels on fait sécher l'Indigo dans les caisses.

A, Caisses à Indigo.

B, Établis.

M, Magafin où l'on renferme l'Indigo lorfqu'il eft fec.
S, Bâtiment de la Sécherie.

Figure 9.

Front du bout de la Sécherie.
A, Caiffes pofées fur les Établis.
E , Établis.

Figure 10.

F, Tas de Gouffes d'Indigo , étendues fur un drap.

Figure 11.

Coupe du Mortier de bois où l'on pile les gouffes d'Indigo.
C, Creux & largeur du Mortier , qu'on appelle improprement *Pilon.*

Figure 12.

D , Manches ou Pilons du Mortier *C.*

Figure 13.

Cette figure repréfente la maniere de tirer la graine des gouffes de l'Indigo.
C, Mortier.
D , Manches ou Pilons du Mortier.
E, Negres qui pilent des gouffes d'Indigo.

P L A N C H E VI.

Figure 1.

P L A N d'un terrein où il fe trouve une riviere barrée par une digue , afin d'en diftribuer l'eau à différents quartiers. Ce plan repréfente une habitation où l'on fe fert de cette eau pour arrofer l'Indigo , & une Indigoterie compofée de huit Pourritures & de quatre Batteries où l'on bat l'Indigo des deux côtés avec un moulin à mulets ou à chevaux , tel qu'on le voit dans la *Planche* 7, *fig.* 2 , 7 & 9.
A , Riviere.
B , La Digue.
C , Le Courfier.
D , Le Baffin à éclufes.
E , Éclufes.
G , Canaux du Baffin à éclufes.
H, Baffin de diftribution, où fe fait la répartition des eaux.
L, Canaux particuliers des Baffins de diftribution.
M, Canal commun de convenance ou de fociété , auquel on eft obligé de donner paffage quand le cas le requiert.

N, Baſſin de ſubdiviſion.

O , Caſe du Gardien de la Digue , avec un Magaſin & deux Caſes à Negres.

Explication des différentes Parties de l'Habitation.

a , Barriere ou entrée de l'Habitation.

b , Caſes à Negres.

d , Parc à Bœufs , & qui ſert auſſi pour les Vaches.

e , Hôpital.

f , Parc à Cochons.

g , Parc à Moutons : il y a au milieu une petite Caſe pour le Gardien.

h , Parc des Veaux : il ſe trouve à côté d'une petite Caſe pour le Gardien.

j , Grande Caſe ou logis du Maître.

l , Quatre Magaſins pour ſervir à différents uſages.

m , Sécherie , Bâtiment où l'on fait ſécher l'Indigo.

n , Indigoterie à double équipage , avec un Moulin au milieu qui bat des deux côtés.

p , Diviſion du Terrein planté en Indigo.

q , Planches ou Carreaux plantés en Indigo.

r , Place à Vivres des Negres , ou Terrein que les Negres cultivent pour leur nourriture.

s , Jardin potager.

t , Places à Vivres de la grande Caſe , ou Terrein cultivé pour les beſoins du Maître & de l'Hôpital.

u , Bannanerie ou Terrein planté en Bannaniers , *fig. 3.*

x , Bois de bout , ou Terrein en friche.

y , Piece de Magnioc , plante dont la racine grugée ou rapée & deſſéchée , ſe mange en farine ou en galettes , qu'on appelle *Caſſaves.*

ʒ , Hayes ou entourages de l'Habitation ; en dedans ſont les foſſés par leſquels s'écoulent les eaux ſuperflues de la Riviere & autres.

Z , Foſſés de l'Habitation.

Figure 2.

Pied de gros petit Mil , ou Mil à panache.

Figure 3.

u , Pied de Bannanier.

Figure 4.

y , Pied de Magnioc.

P L A N C H E VII.

Figure 1.

P L A N géométral d'une Indigoterie compofée de quatre Pourritures, dont la derniere eft chargée & barrée ; de deux Batteries, dont les cuillers fe meuvent par des Arbres qui reçoivent leur mouvement d'un Moulin à chevaux, *fig.* 2, & d'un feul Repofoir qui renferme deux Diablotins.

L'Echelle qui eft fur la Planche indique les proportions de toutes les parties de cette figure & des fuivantes.

A, Trempoire ou Pourriture déchargée, dont on a levé les Barres des Clefs, pour mieux faire voir la pofition des poteaux, qu'on appelle *les Clefs.*

AA, Pourriture chargée d'herbe & barrée.

B, Batterie, vaiffeau où l'on bat ici l'extrait de deux Pourritures.

C, Repofoir, ou efpece d'enclos qui fert à renfermer les Diablotins *K* & le Ratelier *U*, auquel on fufpend les facs remplis de la fécule de l'Indigo.

D, Poteaux ou Clefs de chaque Pourriture.

E, Daleaux de la Pourriture.

F, Daleaux de la Batterie.

G, Barres des Clefs de la Trempoire *AA.*

H, Travers ou Barres de la Pourriture.

I, Paliffades ou planches de Palmifte couchées fur l'herbe; quand la cuve eft chargée.

K, Diablotin ou Baffinot qui reçoit la fécule fortant de la Batterie.

L, Efcalier du Repofoir.

M, Caiffon des Cuillers avec lefquelles on bat l'extrait. Ce Caiffon n'eft point ouvert par deffous comme celui des Buquets ; le fond en eft plein & affem-blé comme les côtés. Lorfque ce caiffon eft joint à fon manche, il forme un inftrument à qui on donne fpécialement le nom de *Cuiller.*

N, Colets de bronze ou de bois incorruptible, qui fupportent les aiffieux des Arbres qui traverfent chaque Batterie.

O, Manche de la Cuiller *M O.*

P, Petite forme ou foffette qui fe trouve au fond du Diablotin *K.*

Q, Daleau quarré du Repofoir : ce Daleau qui eft toujours libre, répond au canal de décharge nommé *la Vuide.*

R, Arbre de la Batterie, à travers lequel paffent les manches des Cuillers.

S, Rigole qui fournit l'eau à chaque Pourriture. Cette Rigole & fes bords font élevés en maçonnerie le long des Pourritures, & couverts d'une couche de ciment. Pour mettre l'eau dans une cuve, il ne s'agit que d'enlever la terre graffe qui bouche la petite éclufe *g*, & de fermer en même temps celle des autres cuves avec de pareille terre.

INDIGOTIER. E e

T, Rigole par laquelle on fait paſſer dans la Batterie la **plus proche** ou la plus éloignée, l'extrait des cuves qui ont aſſez fermenté. Cette Rigole eſt en maçonnerie comme la précédente ; ſes bords ſont tournés en fer à cheval devant les Daleaux. Les fers à cheval qui correſpondent aux Daleaux des Pourritures qui ne ſont point placées devant les Batteries, n'ont point auſſi d'écluſe ou d'ouverture ſur le devant de leur rondeur ; mais les autres fers à cheval qui ſont ſur le bord des Batteries, ont une écluſe droit au milieu de leur demi-cercle.

U, Ratelier où l'on ſuſpend les ſacs remplis de la fécule de l'Indigo.

V, Fond du Repoſoir.

g, Écluſes de la Pourriture.

h, Écluſes de la Batterie.

m, Aquéduc qui conduit l'eau aux Indigoteries.

Figure 2.

Plan géométral d'un Moulin à chevaux pour battre l'Indigo.

A, Diametre de l'emplacement du Moulin un peu creuſé en terre.

B, Chaſſis du Moulin.

C, Balancier ou grande roue horiſontale qui engraine ſur les Lanternes *E*.

D, Bras du Balancier. Ces Bras ſont au nombre de quatre : ils forment une croix ; mais il n'en paroît que deux, les deux autres étant cachées ſous les queues *G*.

E, Lanternes des Arbres *F*.

F, Arbres des Lanternes, couchés horiſontalement.

G, Queues ou Bras de l'Arbre vertical *X*.

H, Palonniers où s'attachent les traits des Mulets.

X, L'Arbre de la grande Roue ou du Balancier.

Figure 3.

Hors des proportions de l'Echelle.

Cette figure repréſente l'aſſemblage & la liaiſon de l'Arbre d'une Lanterne avec l'Arbre d'une Batterie, par le moyen de l'aiſſieu qui eſt enchaſſé dans une entaille faite aux extrémités de ces deux Arbres. Lorſque le bout de l'aiſſieu eſt placé dans ſon entaille, on le couvre d'un taſſeau qui remplit le reſte du vuide, & on lie cet aſſemblage avec un cercle de fer.

A, Bout de l'Arbre de la Lanterne.

B, Bout de l'Arbre de la Batterie.

C, Aiſſieu emboîté & lié dans les extrémités des Arbres *A* & *B*.

L, Cercles de fer qui ſervent à aſſujétir l'aiſſieu & le taſſeau qui le couvre.

Figure 4.

Hors des proportions de l'Echelle.

C, Aiſſieu de communication entre les différents Arbres des Lanternes & des
Batteries.

Figure 5.

Hors des proportions de l'Echelle.

D, Repréſente l'entaille que l'on fait dans l'extrémité des Arbres *A* & *B* , *fig.*
3 , pour recevoir l'Aiſſieu *C* , *fig.* 3 & 4 , & le Taſſeau *E* , *fig.* 6.
L, Cercles de fer néceſſaires à la liaiſon de l'Aiſſieu & du Taſſeau , quand l'un
& l'autre ſont couchés dans l'entaille.

Figure 6.

E, Taſſeau ou piece de bois qui remplit exactement le reſte de l'ouverture *D* ,
fig. 5 , où l'on a couché auparavant l'extrémité de l'Aiſſieu *C* , *fig.* 3 & 4.

Figure 7.

Coupe géométrale d'un Moulin à chevaux pour battre l'Indigo.
A, Diametre de l'emplacement du Moulin.
B , Chaſſis du Moulin.
C , Balancier ou grande Roue horiſontale qui engraine ſur les Lanternes *E*.
E , Lanternes des Arbres *F*.
F , Arbres des Lanternes.
G , Queues ou Bras de l'Arbre vertical *X*.
H , Palonniers où s'attachent les traits des chevaux.
I , Piliers de maçonnerie , ſur leſquels ſont enchaſſés les colets qui reçoi-
vent les Aiſſieux des Arbres horiſontaux *F*.
K , Pilier de maçonnerie , ſur lequel on enchaſſe la Platine qui ſupporte le
cul-d'œuf de l'Arbre vertical *X*.
L , Chapeau ou couverture du Moulin. Ce Chapeau & toutes les pieces qui en
dépendent , tournent avec l'Arbre vertical *X* , qui leur ſert de ſupport.
X , Arbre vertical du Moulin.

Figure 8.

Coupe géométrale des deux Batteries dont les Cuillers reçoivent leur mouvement du Moulin *fig.* 7 , qui eſt à côté. On voit derriere ces deux Batteries ,
& en ſuivant du côté droit, l'élévation du mur de quatre Pourritures ; & devant
les deux dernieres Pourritures , on voit l'élévation d'un petit mur ſur lequel eſt

la Rigole *T* , *fig.* 1 , *Pl.* 7 , par laquelle on fait paſſer dans la Batterie la plus éloignée ou la plus proche l'extrait des cuves qui ont aſſez fermenté. Voyez pour plus grand éclairciſſement l'explication de la figure 1 , *Pl.* 7.

A , Mur des quatre Pourritures.

A A , Pourriture barrée.

B , Batteries.

D , Poteaux ou Clefs de Pourriture.

G , Barres de la Pourriture.

M O , Cuillers dont le manche traverſe l'Arbre qui eſt couché ſur chaque Batterie.

R , Arbres des Batteries.

T , Mur de la Rigole.

Figure 9.

Hors des proportions de l'Echelle.

Perſpective d'un Moulin à chevaux qui eſt en action pour battre l'Indigo. On ne peut voir la partie baſſe de cet ouvrage , parce qu'elle ſe trouve envi-ronnée & couverte d'une butte de terres rapportées pour la marche de Mulets ; mais auparavant on a ſoin de mettre par-deſſus les Arbres des Lanternes , de lon-gues & larges planches , afin de les mettre à l'abri de l'éboulement des terres & de tous les autres inconvéniens qui pourroient les gâter ou en empêcher le mouvement.

B , Cage du Chaſſis.

C , Balancier ou grande Roue horiſontale.

E , Lanternes.

G , Queues ou Bras du Moulin , auxquels on attele les Mulets.

H , Mulets ou Chevaux , qui en marchant ſur la Butte *R* , donnent le mouvement à toutes les pieces du Moulin & de la Batterie qui y correſpondent.

L , Chapeau ou couverture du Moulin.

M , Butte de terre élevée tout autour du Moulin , après qu'on a couvert les
Arbres des Lanternes qui paſſent deſſous , par de fortes planches ou
madriers.

X , Arbre vertical du Balancier.

Figure 10.

Hors des proportions de l'Echelle.

Perſpective d'une Indigoterie compoſée de pluſieurs Pourritures. On voit dans cette figure deux Batteries dont les Cuillers reçoivent leur mouvement du Mou-lin *fig.* 9 qui eſt à côté.

A , Pourritures.

B ,

B , Batteries.

C , Reposoir.

D , Clefs ou Poteaux de Pourritures.

M , Caisson de la Cuiller *M O*.

O , Manche de la Cuiller *M O*.

Q , Daleau de la Vuide.

Voyez pour plus grand éclaircissement , l'explication de la figure 1 de la même Planche.

Figure 11.

Cette figure représente une Cuve détachée où l'on bat l'Indigo par le moyen d'un Arbre à palettes, terminé par deux manivelles qu'on fait tourner à force de bras.

La vue de cette figure suffit pour en comprendre le méchanisme.

Figure 12.

Moulin à l'eau pour battre l'Indigo. On a supprimé tout ce qui pouvoit cacher son méchanisme & sa correspondance avec les pieces qu'il fait mouvoir dans les Batteries qui sont à côté. Voyez pour plus grand éclaircissement , l'explication des figures 1 , 8 & 10 de la même Planche.

P L A N C H E VIII.

Figure 1.

Branche d'Indigo franc calquée sur la figure qu'en a donné M. Hans-Sloane , dans son Histoire Naturelle de la Jamaïque , *Planche* 176 , *fig.* 3.

Figure 2.

Branche d'Indigo sauvage de la Jamaïque , dont on a supprimé une partie du feuillage pour en laisser voir les filiques , copiée sur la figure qui se trouve dans l'Histoire Naturelle de la Jamaïque , par Hans-Sloane , *Planche* 179 , *fig.* 2.

P L A N C H E IX.

Figure 1.

Perspective d'un terrein travaillé au Rateau , pour le planter en Indigo.

A , Rateau. Voyez aussi les figures 10 , 11 & 12 de la même Planche.

E , Branches du Rateau.

F , Barre du Rateau.

G , Negres qui tirent le Rateau.

H , Manches du Rateau.

INDIGOTIER. F f

I, Negre qui dirige la marche du Rateau.

K, Sillons tracés par les dents du Rateau.

L, Négreffes qui plantent la graine de l'Indigo dans les fillons tracés par le Rateau.

Figure 2.

Perfpective d'un terrein plein de trous faits avec la houe, *fig.* 4, pour y planter de l'Indigo.

A, Negres qui font des trous avec la Houe.

B, Négreffes qui plantent la graine de l'Indigo dans les trous *D*.

C, Coui ou côté de Calebaffe, *fig.* 9, dans lequel les Négreffes portent la graine d'Indigo qu'on doit planter.

D, Trous fouillés dans la terre avec la Houe.

Figure 3.

Perfpective d'un Terrein où l'on coupe l'Indigo, dont on fait des paquets qu'on porte à la Cuve.

M, Planche d'Indigo bon à couper.

N, Negres qui coupent l'herbe avec leurs couteaux à Indigo, *fig.* 7.

O, Négreffe qui fait un paquet d'herbe.

P, Negre qui porte un paquet d'herbe vers la Cuve.

Figure 4.

Voyez l'Échelle pour les proportions.

Cette figure repréfente une Houe, inftrument dont on fe fert générale-ment dans nos Ifles de l'Amérique pour travailler la terre. Cet inftrument eft compofé d'un manche de bois paffé dans la Douille du fer de la Houe propre-ment dite.

Figure 5.

Fer d'une Houe vue de côté.

Figure 6.

Fer de la Houe vue par fa face intérieure.

Figure 7.

Couteau à Indigo, ou Ferrement avec lequel on coupe l'Indigo.

Figure 8.

Rabot, inftrument de bois avec lequel on rabat la terre dans les trous où l'on a planté l'Indigo.

Figure 9.

C , Coui ou côté de calebaffe , dans lequel les Négreffes portent la graine d'Indigo qu'on doit planter.

Figure 10.

Cette figure préfente le côté du Rateau avec lequel on trace des fillons fur un Terrein où l'on veut planter la graine d'Indigo. *Voyez fig.* 1 , de la même Planche.

A , Bafe du Rateau.

E , Branches de l'Avant-train.

H , Manches de l'Arriere-train.

R , Dents du Rateau.

Figure 11.

Cette figure repréfente l'Arriere-train du Rateau vu en face.

A , Bafe du Rateau.

H , Manches du Rateau.

R , Dents du Rateau.

Figure 12.

Rateau vu dans fa longueur.

A , Bafe du Rateau.

E , Branches de l'Avant-train.

F , Barre de l'Avant-train.

H , Manches de l'Arriere-train,

R , Dents du Rateau.

Figure 13.

Cette figure repréfente une dent du Rateau.

Figure 14.

Gratte vue de côté. La Gratte eft un inftrument de fer avec lequel on farcle l'Indigo.

Figure 15.

Gratte vue de plat.

Figure 16.

Serpe , inftrument de fer d'un fréquent ufage dans toutes les habitations.

Figure 17.

Cifeaux imaginés par M. de Saint-Venant , Ingénieur au Cap François , pour couper l'Indigo : l'effet ne m'en eft point connu.

PLANCHE X.

Voyez l'Echelle pour les proportions des ouvrages qui font repréfentés fur cette Planche. On a été obligé de racourcir la longueur des canaux, afin de repréfenter toutes les autres parties dans leurs proportions.

Plan d'un Terrein où fe trouve une Riviere barrée par une Digue pour en diftribuer les eaux à différents quartiers. On voit au bas de ce plan trois bouts de planches ou carreaux, travaillés avec le Rateau, *fig.* 1, *Pl.* 9, dans lefquels on a tout nouvellement planté de la graine d'Indigo, & le commencement de leur arrofage fur le carreau *P.* Les lettres *T* & *R* indiquent les endroits où l'on a déja mis l'eau fur ce carreau. Les lettres *S*, *T*, *V*, *Y*, repréfentent la maniere de détourner l'eau de la Rigole *R*, & le moyen dont fe fert pour la faire s'étendre fur toute la largeur du carreau *P.*

Figure 1.

A, Riviere.

B, Digue.

C, Courfier.

D, Baffin à éclufes.

E, Éclufes.

F, Pelles des Éclufes.

G, Canaux du Baffin à éclufes.

H, Baffin de diftribution, où fe fait la répartition des eaux.

I, Ouvertures ou embouchures des canaux de diftribution.

K, Grifons ou pierres de taille plantées en trépied dans le Baffin de diftribution pour ralentir le cours de l'eau, & la faire s'étendre avec égalité vers les embouchures *I.*

L, Canaux particuliers des Baffins de diftribution.

M, Canal commun de convenance ou de fociété, auquel les Habitations fupérieures font obligées de donner paffage quand le cas le requiert.

N, Baffin de fubdivifion.

O, Cafe du Gardien de la Digue, avec un Magafin & deux Cafes à Negres.

Figure 2.

P, Coin d'une divifion qui renferme le bout de trois planches ou carreaux de terre travaillée avec le Rateau, *fig.* 1, *Pl.* 9, & nouvellement plantée en Indigo.

Q, Bout d'une planche de terre qu'on arrofe.

R, Rigole dont on détourne l'eau fur la Planche *q.*

S, Negre qui détourne l'eau fur la planche *q*, par le moyen de la **Torque** *y*, qu'il étend en travers du terrein.

T,

T, Ouverture faite au bord de la planche pour y amener l'eau.

V, Petit batardeau de terre fait pour barrer l'eau & la détourner vers la planche.

Y, Torque de feuilles de Bananier, étendue fur le travers de la planche pour y retenir l'eau, & lui faire parcourir toute la largeur de la planche.

Z, Haies de l'Habitation.

Z͵, Foffés de l'Habitation.

Addition relative à la Note de la page 68.

Les planches ont 13 à 14 pieds de large, fur 120 à 200 pas de longueur ; elles font féparées par des rigoles dont les bords s'élevent un peu au-deffus du niveau du terrein. A l'extrémité fupérieure de toutes ces planches, eft une petite rigole dans laquelle on met l'eau quand on veut commencer à les arro-fer ; puis on continue par un de leurs côtés. A l'autre extrémité inférieure des planches, eft une autre rigole plus grande que celle d'en haut, parce qu'elle re-çoit le fuperflu de l'arrofage & des pluies. Au-deffous de cette rigole inférieure, on doit toujours laiffer un petit chemin pour la commodité du paffage, & afin de n'être pas obligé de marcher fur l'Indigo. On fait ce chemin plus large fur les grandes Habitations où l'on charge les paquets d'herbe, pour les Indigoteries, fur des Cabrouets, que nous appellons en France *Charrettes*.

PLANCHE XI.

Figure 1.

Perfpective d'un Moulin pour broyer les feuilles defféchées de l'Indigo, fui-vant l'ufage de quelques endroits des Indes.

Figure 2.

Coupe du même Moulin, dont on a fupprimé l'auge ou le Baffin, afin de faire voir l'action d'un Rateau qui remue les feuilles qui font au fond de l'Auge, & fait retomber au milieu celles qui font fur les côtés. Ce Rateau eft attaché par deux branches aux aiffieux de la Roue.

Figure 3.

Plan du même Moulin.

Figure 4.

Tournefol des François, ou *Heliotropium Tricoccum*, plante qui croît dans le Bas-Languedoc, aux environs de Montpellier. On broye cette plante dans un Moulin comme celui dont on a parlé ci-deffus, ou de toute autre maniere, & on en tire un fuc qui devient bleu. Voyez le procédé & le réfultat de cette opération dans les Mémoires de l'Académie des Sciences, année 1712, *page* 17. La figure de cette plante eft tirée de l'Hiftoire générale des Drogues, de Pomet le pere.

Figure 5.

Paftel, plante qui croît en Languedoc, aux environs d'Albi. C'eft avec cette plante que fe fait le Paftel dont on fe fert fréquemment pour les Teintures en bleu. Voyez à ce fujet l'Art du Teinturier, donné par l'Académie des Sciences. Cette figure eft également tirée de l'Hiftoire générale des Drogues, par Pomet pere.

Fin de l'Explication des Figures.

Extrait des Regiftres de l'Académie Royale des Sciences.

Du 30 Août 1769.

NOUS avons été chargés par l'Académie, M. Cadet & moi, de lire un Traité de l'Art de l'Indigotier, par M. *de Beauvais Rafeau, ancien Capitaine de Milice à Saint-Domingue*, & de lui rendre compte de cet Ouvrage. Il nous a paru que toutes les pratiques de cet Art font bien décrites par l'Auteur, qui a été lui-même Directeur d'une Indigoterie pendant plufieurs années. M. de Beauvais entre dans tous les détails qu'il eft effentiel de connoître pour réuffir dans la Fermentation, le Battage & la Defficcation de l'Indigo ; il indique les fignes par lefquels on peut fe guider pour bien conduire ces opérations ; il s'occupe auffi de la defcription des différentes efpeces d'Anil dont on tire l'Indigo, & de la culture de ces Plantes. Enfin nous croyons que M. de Beauvais a rempli avec fuccès l'objet qu'il s'étoit propofé, & que fon Ouvrage mérite d'être imprimé avec l'Approbation de l'Académie.

Je certifie le préfent Extrait conforme à fon original & au jugement de l'Académie. A Paris, ce 31 Août 1769.

GRANDJEAN DE FOUCHY,

Secrétaire perpétuel de l'Académie Royale des Sciences.

J'AI lu la Defcription de l'Art de l'Indigotier ; par M. DE BEAUVAIS RASEAU *, ancien Capitaine de Milice à Saint-Domingue ; & je trouve cet Ouvrage digne à tous égards de l'impreffion. A Paris, ce 24 Décembre 1769.*

MACQUER.

DE L'IMPRIMERIE DE L. F. DELATOUR. 1770.

Indigotier. Pl. I.

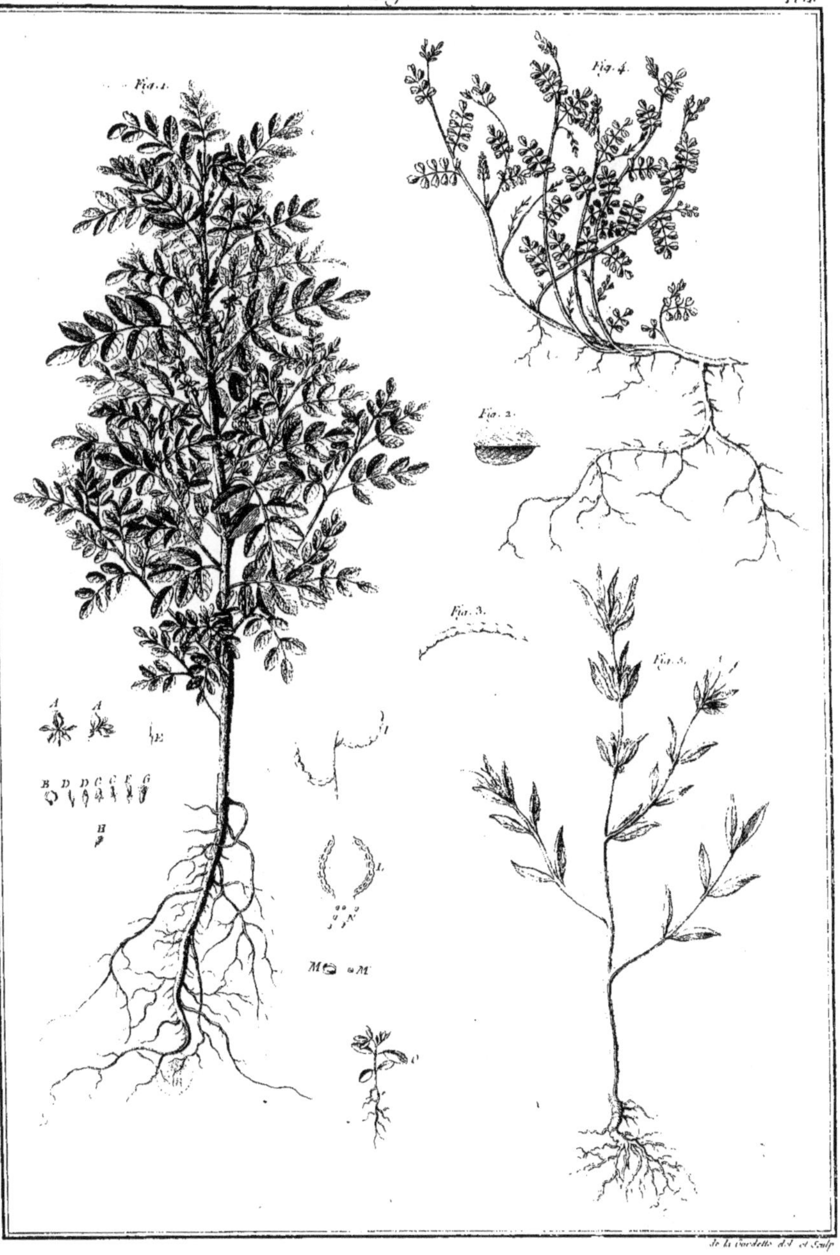

de la Gardette del. et Sculp.

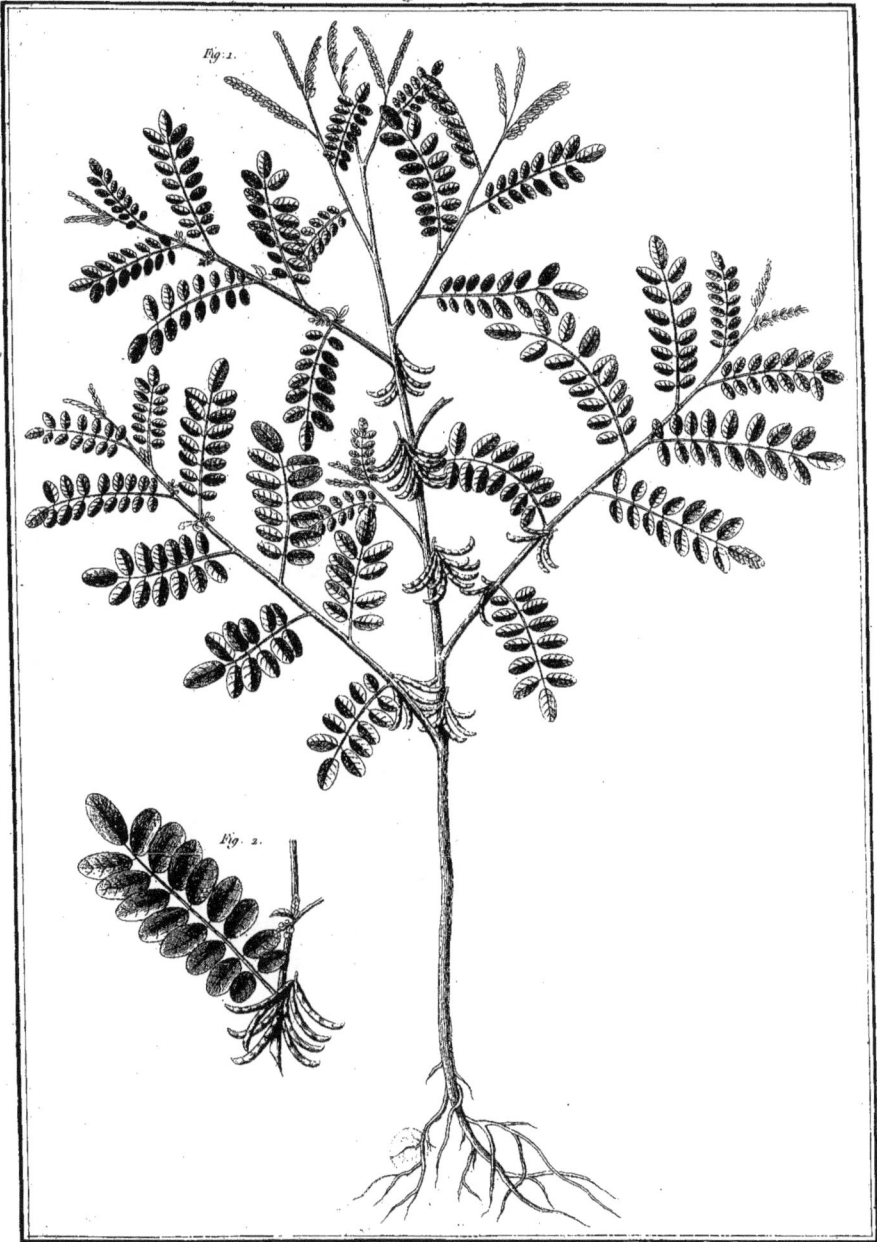

Fig. 1.

Fig. 2.

de la Gardette del. et Sculp.

Fig. 3.

Fig. 2.

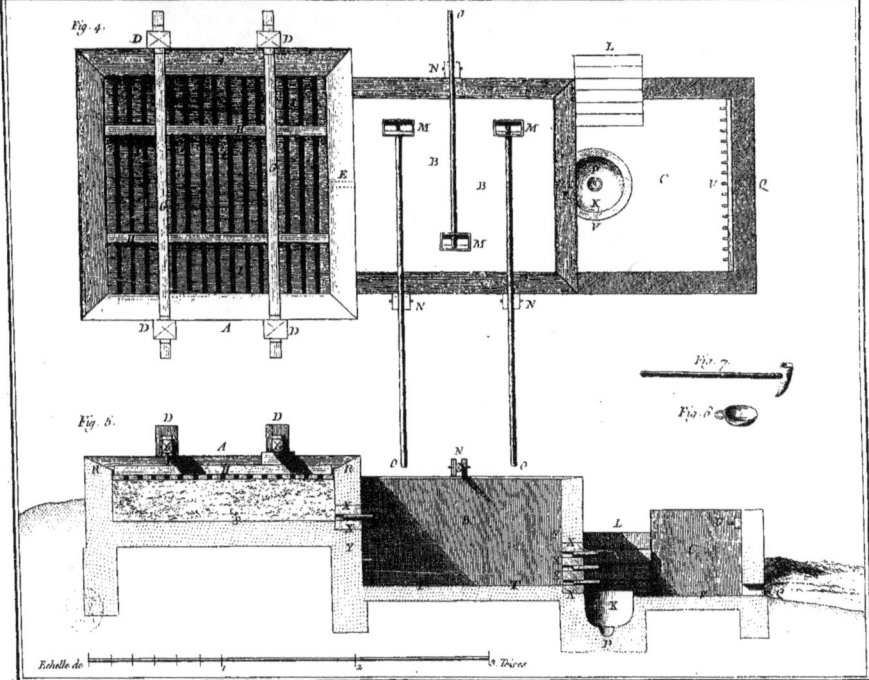

Fig. 4.

Fig. 5.

Fig. 7.

Fig. 6.

Echelle de

de la Bardelle del. N. Sculp.

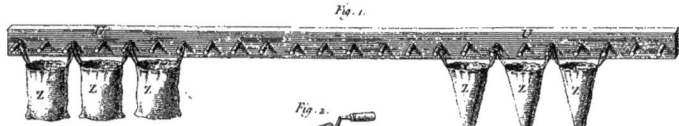

Fig. 1.

Fig. 2.

Fig. 3.

Fig. 4.

Fig. 5.

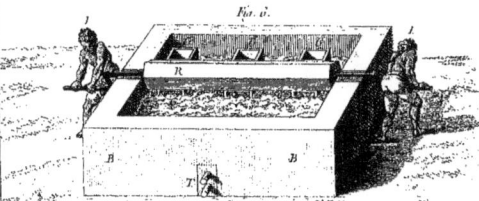

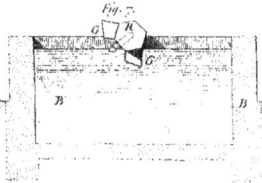

Fig. 6.

Fig. 7.

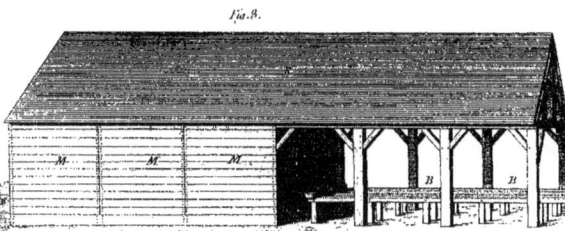

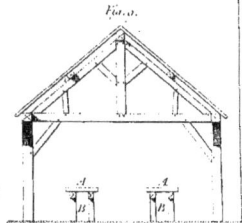

Fig. 9.

Fig. 8.

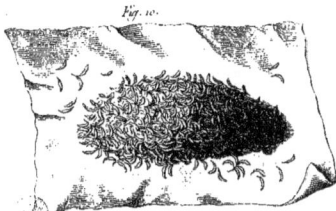

Fig. 10.

Fig. 11.

Fig. 12.

Fig. 13.

de la Gardette del. A. Sculp.

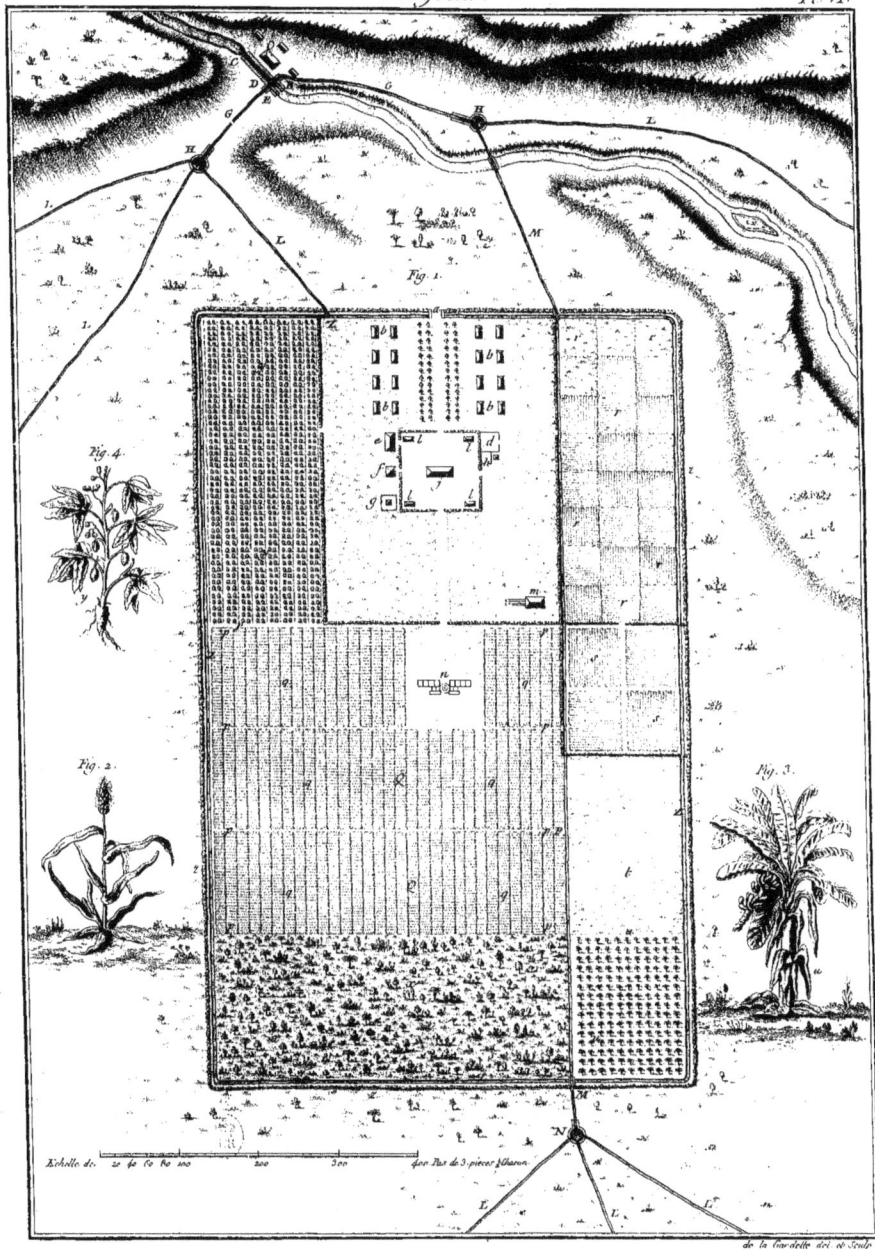

Fig. 1.

Fig. 4.

Fig. 2.

Fig. 3.

Echelle de 2e 4e 6e 8e 100   200   300   400 Pas de 3 pieces j Chacun.

de la Gardette del. et Sculp.

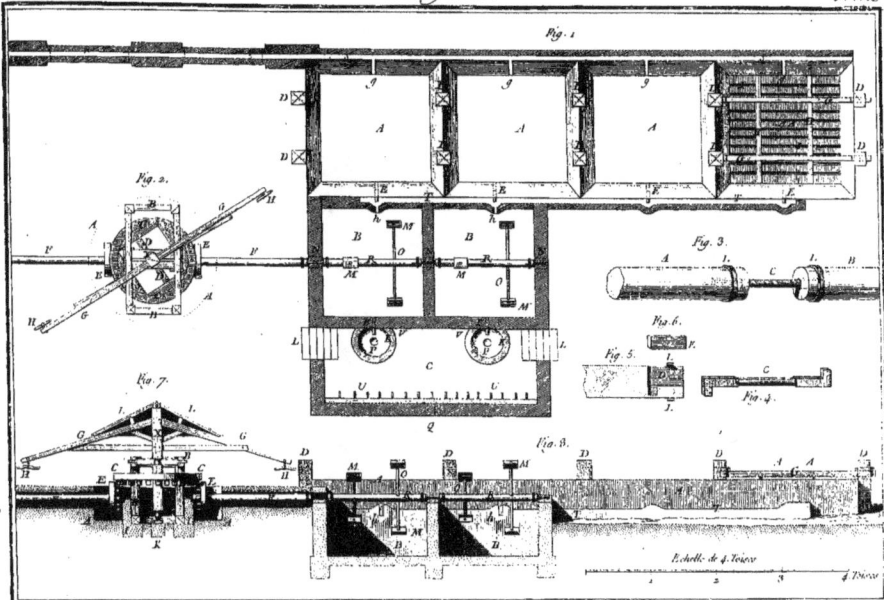

de la Gardette del. et sculp.

Fig. 2.

Fig. 1.

de la Gardette del. et Sculp.

Fig. 1.

Fig. 2.

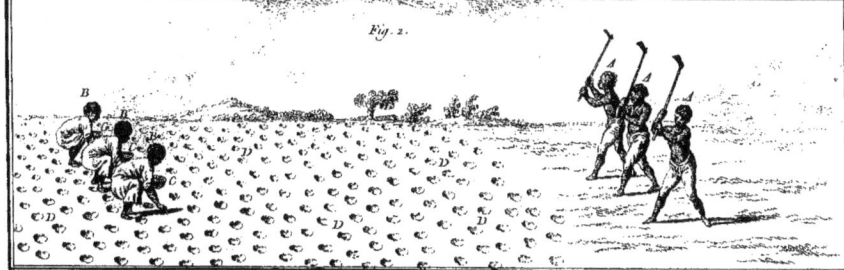

Fig. 3.

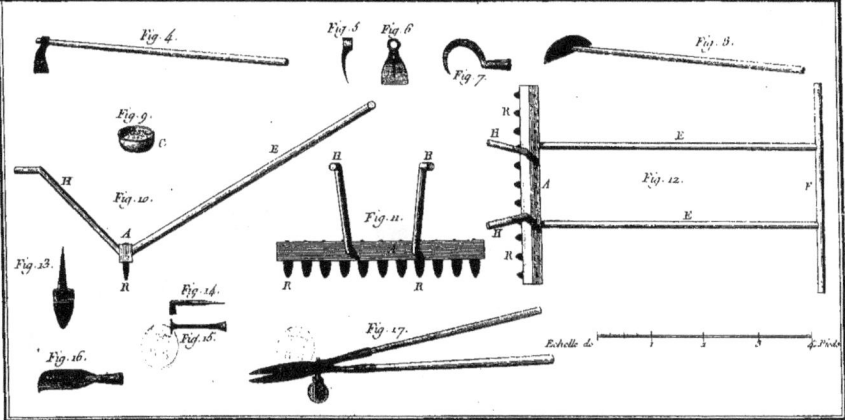

de la Gardette del. A Sculp.

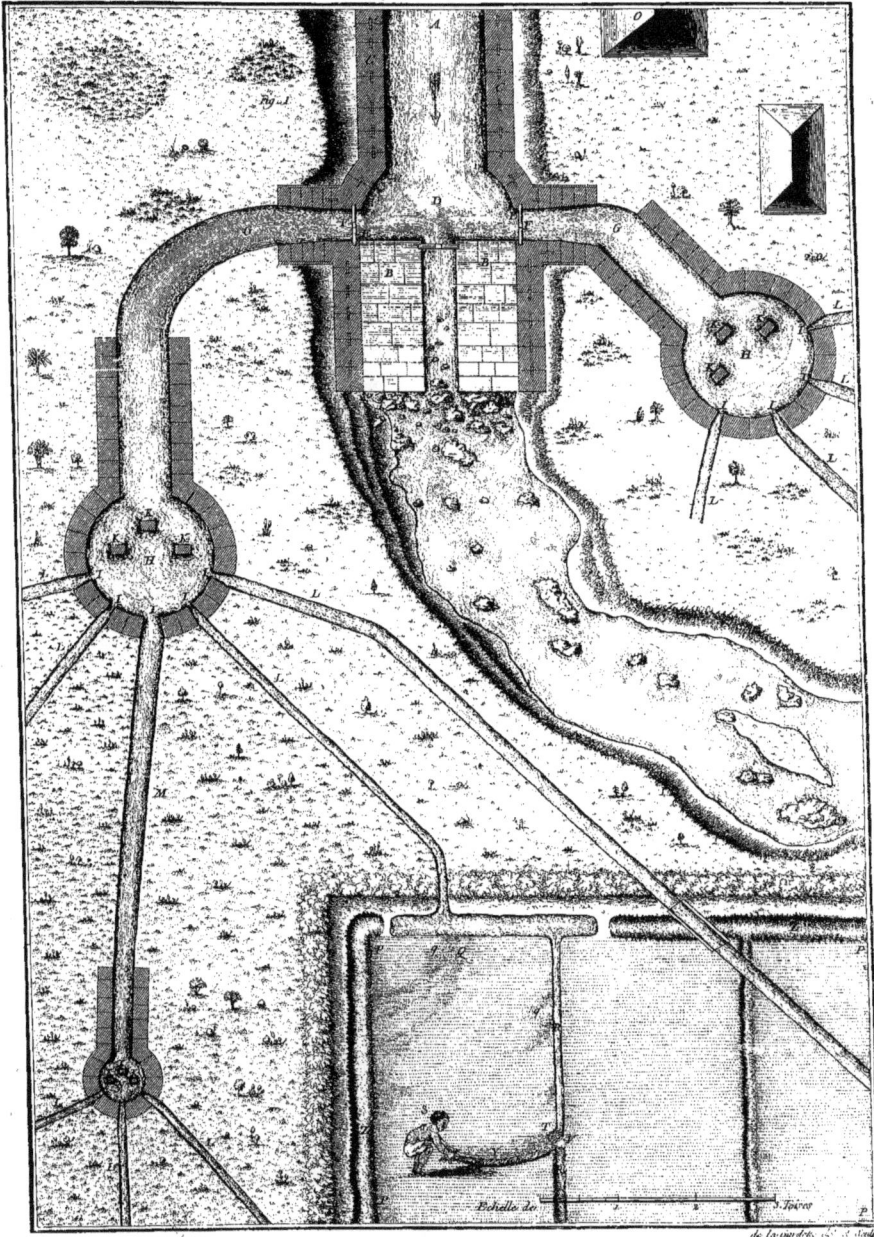

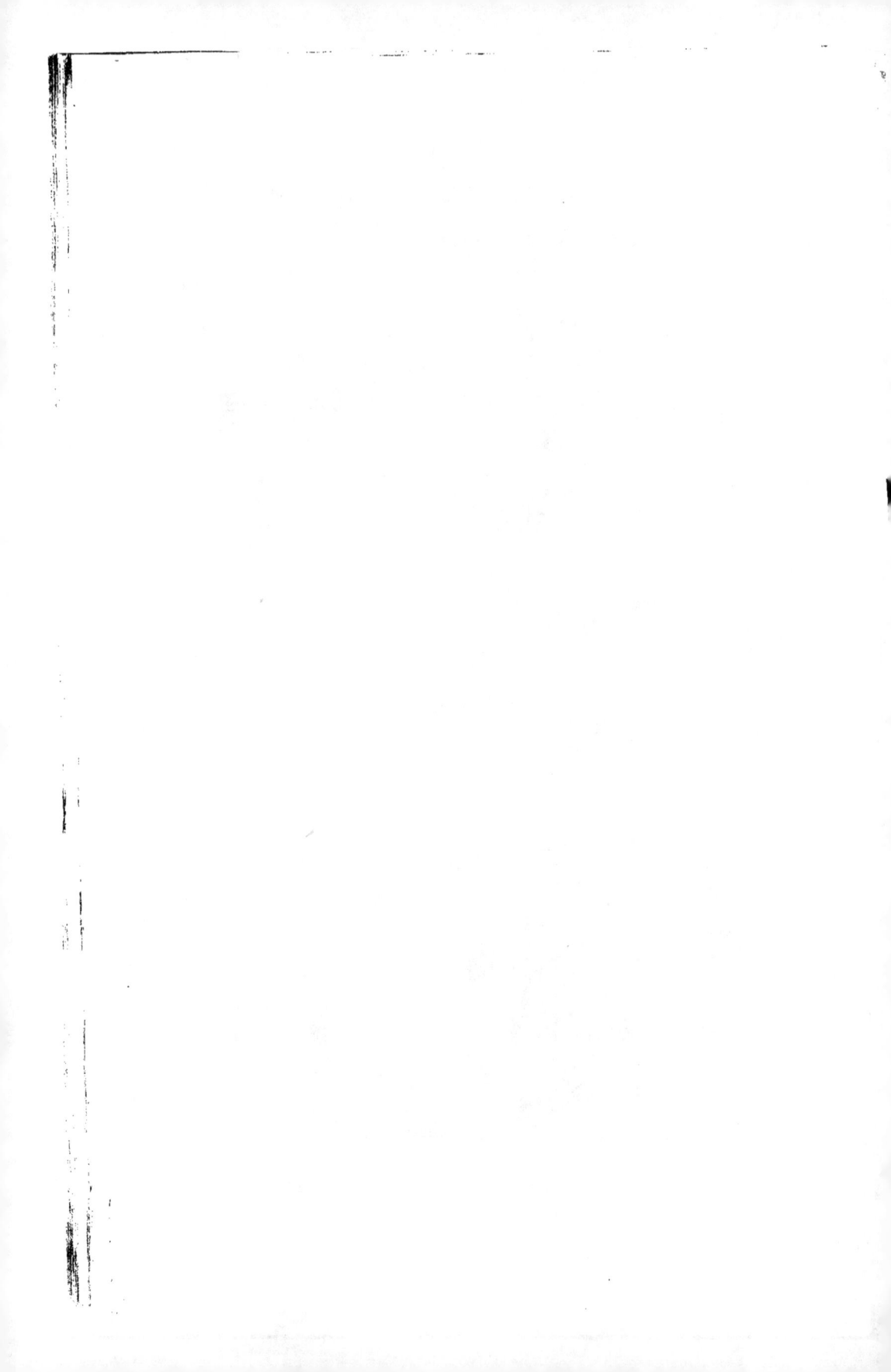

Fig. 4.

Fig. 5.

Fig. 1.

Fig. 2.

Fig. 3.

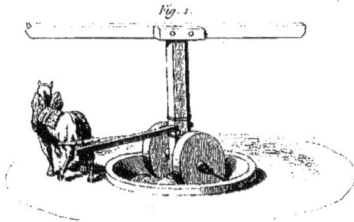

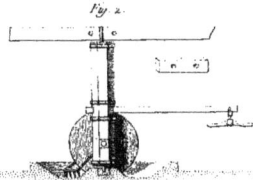

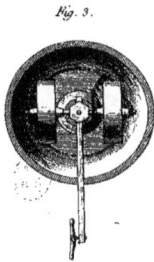

Echelle de 1 2 3 4 5 6 12 Pied.

de la Gardette del. et Sculp.